特定線量下業務従事者
特別教育テキスト

中央労働災害防止協会

はじめに

　平成23年3月11日に発生した東日本大震災に伴う東京電力福島第一原子力発電所の事故により放出された放射性物質により汚染された土壌等の除染等作業及び廃棄物等の収集等に従事する労働者の放射線障害防止については、「東日本大震災により生じた放射性物質により汚染された土壌等を除染するための業務等に係る電離放射線障害防止規則」（以下「除染電離則」という。）が平成24年1月1日より施行されたところです。

　現在、避難指示区域の見直しに伴い、除染特別地域等において、公的インフラ等の復旧、製造業等の事業、病院・福祉施設等の事業、営農・営林、保守修繕、運送業務等が順次開始されており、これら業務に従事する労働者の放射線障害防止対策のため、除染電離則が改正され、平成24年7月1日から施行されました。

　本書は、特定線量下業務に従事する労働者の方々のための特別教育用のテキストとして作成・編集したものであり、特定線量下業務を行う事業者ならびに労働者の方々に広く活用され、当該作業による放射線障害防止の一助となることを心より祈念いたします。

平成24年7月

中央労働災害防止協会

目次

第1章 電離放射線の生体に与える影響及び被ばく線量の管理の方法に関する知識
1 電離放射線の種類及び性質 …………………………………………… 6
2 電離放射線が生体の細胞、組織、器官及び全身に与える影響 … 11
3 被ばく線量限度及び被ばく線量測定の方法 ……………………… 13
4 被ばく線量測定の結果の確認及び記録等の方法 ………………… 16

第2章 放射線測定等の方法に関する知識
1 作業の方法と順序 …………………………………………………… 19
2 放射線測定の方法 …………………………………………………… 20
3 外部放射線による線量当量率の監視の方法 ……………………… 23
4 異常な事態が発生した場合における応急の措置の方法 ………… 24

第3章 関係法令
1 関係法令のあらまし ………………………………………………… 31
2 関係法令 ……………………………………………………………… 36

● 本テキストにおける用語の定義 ●

用語	定義
除染特別地域等	平成23年3月11日に発生した東北地方太平洋沖地震に伴う原子力発電所の事故により放出された放射性物質による環境の汚染への対処に関する特別措置法（平成23年法律第110号）第25条第1項に規定する除染特別地域又は同法第32条第1項に規定する汚染状況重点調査地域。
特定線量下業務	除染特別地域等内における平均空間線量率が事故由来放射性物質により2.5μSv/hを超える場所において事業者が行う除染等業務以外の業務。 　ただし、自動車運転作業及びそれに付帯する荷役作業等については、①荷の搬出又は搬入先（生活基盤の復旧作業に付随するものを除く。）が平均空間線量率2.5μSv/hを超える場所にあり、2.5μSv/hを超える場所に1月あたり40時間以上滞在することが見込まれる作業に従事する場合、又は②2.5μSv/hを超える場所における生活基盤の復旧作業に付随する荷の運搬の作業（作業の性質上、空間線量率が非常に高い場所で作業に従事することが見込まれる）に従事する場合に限り、特定線量下業務に該当するものとする。 　なお、平均空間線量率2.5μSv/hを超える地域を単に通過する場合については、滞在時間が限られることから、特定線量下業務には該当しないこと。また、製造業等屋内作業については、屋内作業場所の平均空間線量率が2.5μSv/h以下の場合は、屋外の平均空間線量が2.5μSv/hを超えていても特定線量下業務には該当しない。

第1章
電離放射線の生体に与える影響及び被ばく線量の管理の方法に関する知識

1 電離放射線の種類及び性質

① 放射能と放射線

　　放射能と放射線の関係は、電球と光の関係によく似ています。
　　電球の光に相当するのが「放射線」とすれば、電球自身は放射線を出す「放射性物質」、さらに電球が発光する能力（性質）が「放射能」に相当します。すなわち放射能とは、放射線を出す能力（性質）をさしています。

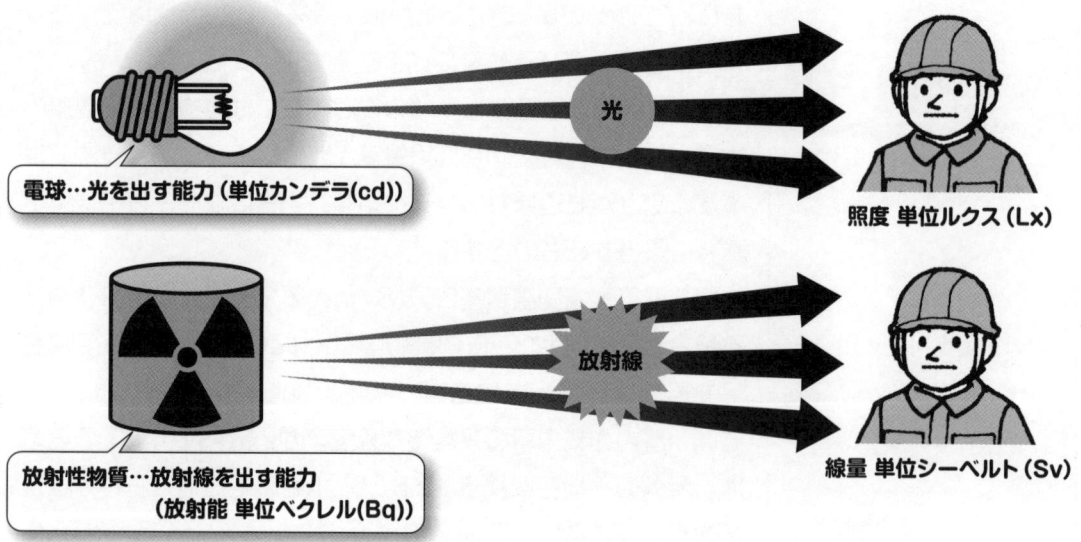

② 放射線と放射能の単位

　　放射線や放射能を表す単位には、シーベルト(Sv)やベクレル（Bq）が用いられます。

　人が受けた放射線の量**シーベルト（Sv）**は、放射線が人体に与える影響の度合いを表す単位で、通常は1シーベルトの1000分の1のミリシーベルト（mSv）や100万分の1のマイクロシーベルト（μSv）が用いられます。また、1時間あたりの放射線の量（線量率）には「mSv/h」、「μSv/h」などが用いられます。

放射能の強さ**ベクレル（Bq）**は、放射性物質の持つ放射線を出す能力を表す単位で、1秒間に壊れる原子の数で強さを表します。土壌等の中に含まれる放射性物質の放射能の濃度には「Bq/kg」が、物品の表面等に付着する放射性物質の放射能の密度には「Bq/cm^2」が用いられます。

ベクレル
Bq
マイクロ
シーベルト毎時
μSv/h
シーベルト
Sv

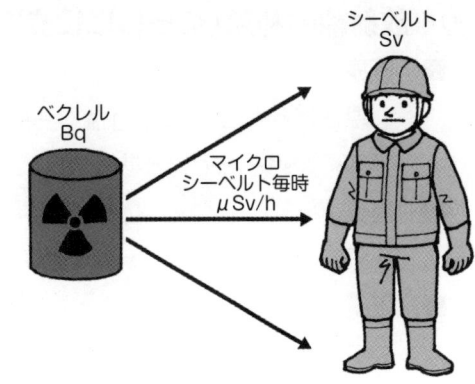

③　日常生活と放射線

私たちは、日常生活の中で放射線を受けています。たとえば、宇宙から絶えず降りそそぐ宇宙線などの自然放射線や医療機関におけるエックス線撮影時の人工放射線があります。しかし、これらの放射線の存在は、人間の五感で感じることができません。

放射線の種類を自然放射線や人工放射線などと呼ぶのは、放射線を出すもとが天然か、人工的につくられたものかの違いによって区別しているだけで、放射線そのものは、自然放射線も人工放射線も同じものです。

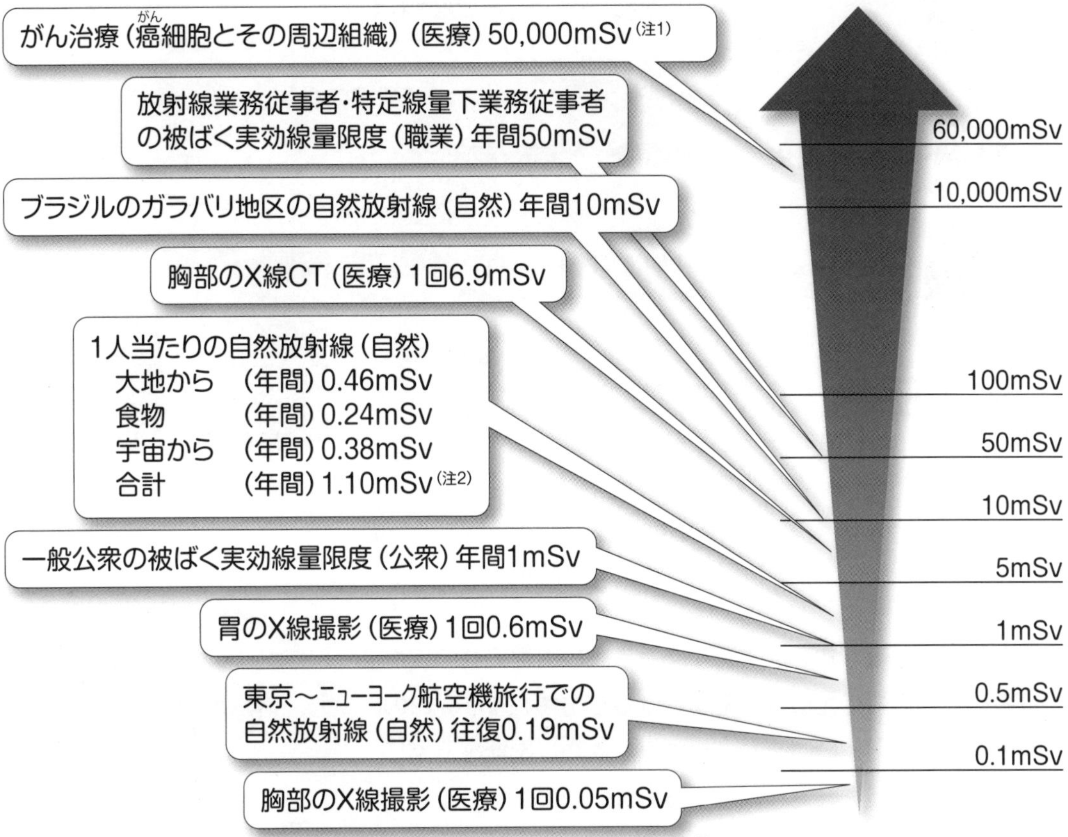

がん治療（癌細胞とその周辺組織）（医療）50,000mSv（注1）
放射線業務従事者・特定線量下業務従事者の被ばく実効線量限度（職業）年間50mSv
ブラジルのガラバリ地区の自然放射線（自然）年間10mSv
胸部のX線CT（医療）1回6.9mSv
1人当たりの自然放射線（自然）
大地から　（年間）0.46mSv
食物　（年間）0.24mSv
宇宙から　（年間）0.38mSv
合計　（年間）1.10mSv（注2）
一般公衆の被ばく実効線量限度（公衆）年間1mSv
胃のX線撮影（医療）1回0.6mSv
東京～ニューヨーク航空機旅行での自然放射線（自然）往復0.19mSv
胸部のX線撮影（医療）1回0.05mSv
60,000mSv
10,000mSv
100mSv
50mSv
10mSv
5mSv
1mSv
0.5mSv
0.1mSv

（注1）組織の感受性が異なるので、組織の等価線量で記載している。　（注2）ラドンの放射線は除いている。

④ 放射線の利用（くらしに役立つ放射線）

■ 医療

現在使われている使い捨て注射器の滅菌や、エックス線CT撮影など、消毒、診断に幅広く利用されています。

■ 農業

野菜の品種改良やじゃがいもの発芽防止にも利用されています。

■ 工業

プラスチックやゴムの性質改良、溶接検査や鉄板などの厚み測定などに放射線が利用されています。

⑤ 放射線の種類とその性質

放射線には、いろいろな種類がありますが、主な放射線としては、α（アルファ）線、β（ベータ）線、γ（ガンマ）線、中性子線などがあります。

放射線には、物質を通り抜ける性質（透過性）があり、その透過力の強弱は、放射線の種類によって異なります。

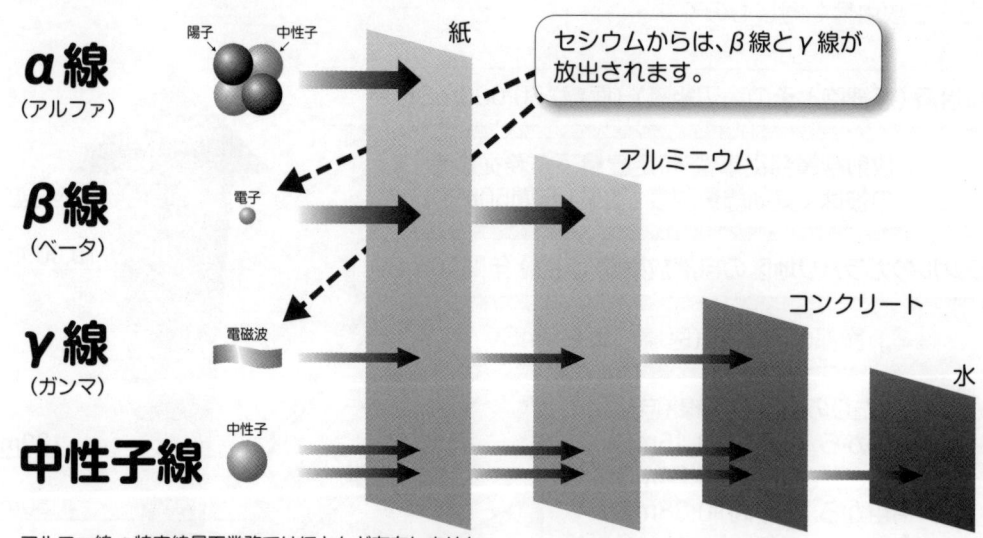

アルファ線：特定線量下業務ではほとんど存在しません。
ベータ線　：透過力が小さいため、通常は空気や保護衣などにほとんど吸収されます。
ガンマ線　：透過力が大きく、特定線量下業務での主要な放射線となっています。
中性子線　：特定線量下業務ではほとんど存在しません。

さらに放射線が物質を透過するとき、放射線の持つエネルギーが物質に与えられ、電子がはじき出されます。この作用を電離作用といいます。放射線が生物に影響を及ぼしたり、写真乾板を感光したりするのは、この作用によるものです。

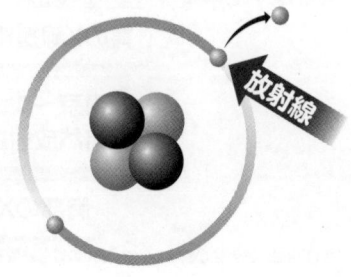

⑥ 放射線の防護

作業者が受ける線量をできるだけ低くする方法には、大きく分けて次の4つがあります。

(a) 放射線源を除去する

　放射線源をできるだけ除去して、作業場所における線量率の低減に心がけましょう。

(b) 遮へいをする

　γ線は、密度の大きいもので遮へいすることができます。

(c) 放射線源から距離をとる

　放射線源が点とみなせる場合は、放射線の強さは、距離の2乗の反比例して減少します。作業中は、高い汚染が認められる物や場所から、できるだけ距離をとるようにしましょう。

(d) 作業時間を短くする

　作業中に受ける線量は、「線量率×作業時間」で決まります。作業時間の短縮に心がけることも大切です。

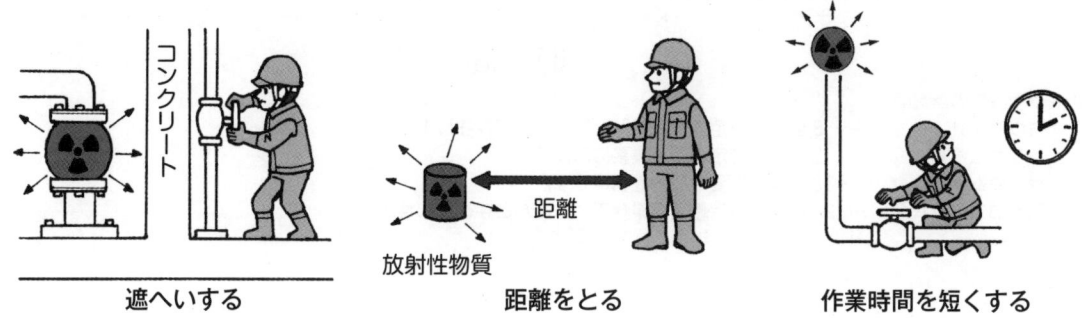

⑦ 放射能の減衰

　放射能は、時間がたつとともに衰えていき、放射性物質から出てくる放射線の量も減少します。放射能が2分の1になるまでの時間を半減期といいますが、その長さは放射性物質の種類によって異なり、短いもので100万分の1秒、長いものでは数千億年のものもあります。

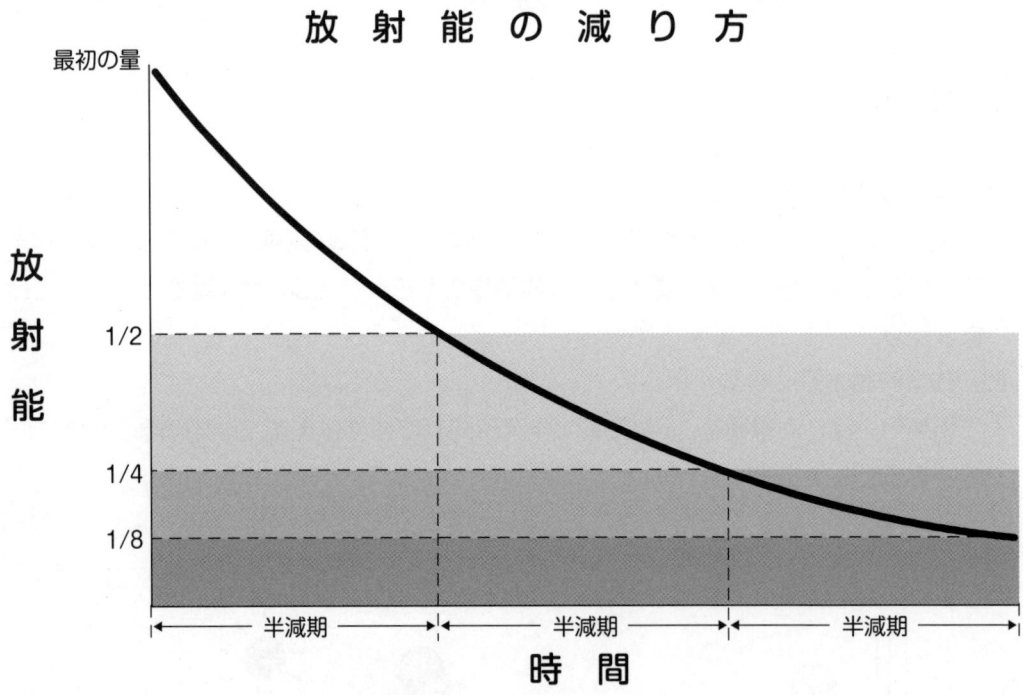

※セシウム等の半減期
　ヨウ素131　……………　8.0日→特定線量下業務ではほとんど存在しません。
　セシウム134　…………　2.1年 ⎫ 特定線量下業務における
　セシウム137　…………30.2年 ⎭ 主要な放射性物質です。
　ストロンチウム90　……28.8年→特定線量下業務ではほとんど存在しません。

2 電離放射線が生体の細胞、組織、器官及び全身に与える影響

放射線による影響と線量の関係は下表のようになります。

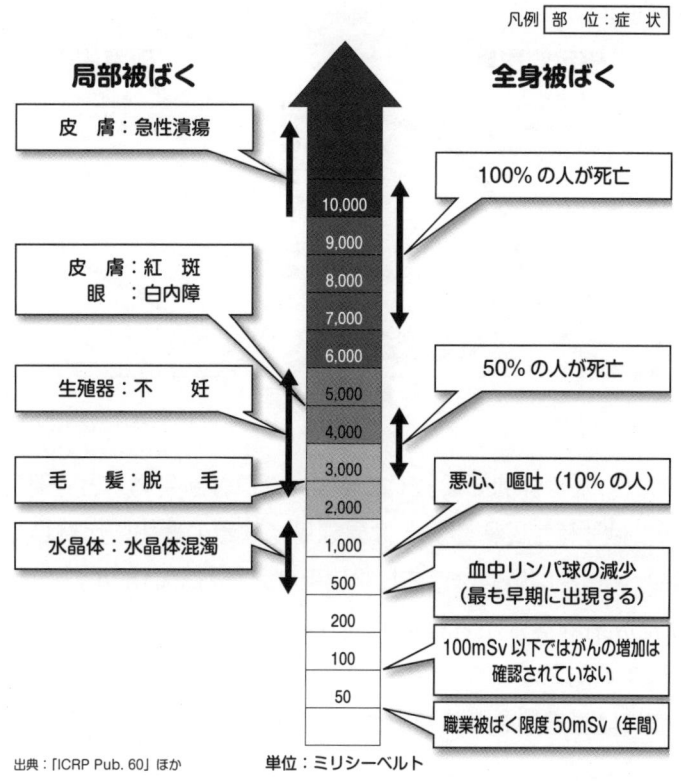

出典：「ICRP Pub. 60」ほか　　単位：ミリシーベルト

　放射線を身体に受けた場合、その影響が本人に現れる「身体的影響」と、その子孫に現れる「遺伝的影響」に分けられます。さらに「身体的影響」は、放射線を受けてから症状が現れるまでの時間によって、「急性障害」と「晩発性障害」とに分けられます。
　また、これとは別に「確定的影響」と「確率的影響」といった分け方があります。

放射線影響の分類

放射線影響	身体的影響	急性影響	皮膚の紅斑 脱　毛 白血球減少 不妊など	確定的影響
		晩発影響	白内障 胎児の影響 など	
			白血病 が　ん	確率的影響
	遺伝的影響		代謝異常 軟骨異常 など	

（「やさしい放射線とアイソトープ」3版、p.83、日本アイソトープ協会、2001年）

「確定的影響」には、「身体的影響」である血中リンパ球の減少や、皮膚の急性潰瘍、白内障があります。「確定的影響」は、下図に示すとおり多量の放射線を受けない限り発生することはなく（この下限値を「しきい値」といいます）、線量の増加に伴って障害の発生する確率が大きくなります。

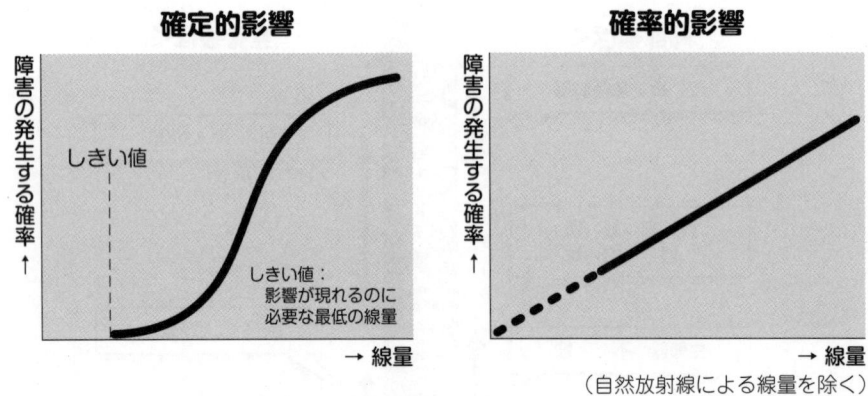

「確率的影響」には、「身体的影響」であるがん（悪性新生物）と「遺伝的影響」があります。「確率的影響」は「確定的影響」とは異なり、線量の増加に比例して、障害の発生する確率が大きくなり、「しきい値」は存在しないと考えられています。

ただし、受けた放射線量が小さい場合（100mSv未満）に障害が発生するかどうかは、はっきりとした医学的知見がなく、広島・長崎の原爆被ばく者の長期の調査からも、線量が100mSv以上の者には直線的な増加が認められていますが、100mSv未満の者にはがんの増加は認められていません。

このため、国際放射線防護委員会（ICRP）などでは、放射線防護の観点から、安全側に立ち、被ばく線量と発がんの確率の関係は直線的に増加するとした上で、職業被ばくの限度を、がんの増加が認められておらず、容認できる範囲に定めました。次に述べる「東日本大震災により生じた放射性物質により汚染された土壌等を除染するための業務等に係る電離放射線障害防止規則」（除染電離則）の被ばく限度も、ICRPの職業被ばく限度と同じに設定されています。

遺伝的影響は、生殖器に放射線を受けることにより、生殖細胞内の遺伝子が損傷し、これが子に受け継がれ、先天的な障害が現れることをいいます。これもがんと同じように受けた線量に比例してその発生の可能性が高くなりますが、現在のところ、広島・長崎の原爆など、大量の放射線を受けた場合も含め、人への遺伝的影響は確認されていません。

なお、生物には、放射線によって起きるダメージを修復するシステムがあります。放射線に被ばくしてDNAに損傷があったとしても、DNAを修復したり、異常な細胞の増殖を抑えたり、老化させたりする機能が働き、健康障害の発生を抑えているのです。

3 被ばく線量限度及び被ばく線量測定の方法

(1)被ばく線量限度

　特定線量下業務に従事する労働者が、作業中に受ける線量の限度は、法令によって定められています。この値は、国際放射線防護委員会（ICRP）による勧告や報告にもとづいています。

　ICRPは、政治や行政、思想とは無関係な放射線防護に関する国際的な専門家集団で、その勧告は、わが国を含め世界各国の法令に取り入れられています。

　ICRPは、線量を合理的に達成可能な限り低くすること（As Low As Reasonably Achievable：ALARA（アララ））という基本原則を示しています。

　除染電離則では、労働者が受ける電離放射線を可能な限り少なくするよう努めなければならないと規定しており、がんなどの障害の発生のおそれのない（確率が十分に小さい）レベル以下とするための線量限度を以下のとおり定めています。

　なお、実効線量とは確率的影響を評価するための量であり、等価線量は確定的影響を評価するための量です。

除染等業務従事者	線量限度
●男性及び妊娠する可能性がないと診断された女性…………	5年間で100mSvかつ1年間で50mSv（実効線量）
※女性（妊娠する可能性がないと診断された方を除く）…… ※妊娠中と診断された女性	3月間で5mSv（実効線量）
・腹部表面…………………………………………………	2mSv（等価線量）

※1　事業者は、電離放射線障害防止規則（電離則）第3条で定める管理区域内において放射線業務に従事した労働者又は除染等業務に従事した労働者を特定線量下業務に就かせるときは、当該労働者が放射線業務又は除染等業務で受けた実効線量、特定線量下業務で受けた実効線量の合計が、上記の限度を超えないようにしなければならないこととされています。

※2　上記の「5年間」については、異なる複数の事業場において特定線量下業務に従事する労働者の被ばく線量管理を適切に行うため、全ての特定線量下業務を事業として行う事業場において統一的に平成24年1月1日を始期とし、「平成24年1月1日から平成28年12月31日まで」とします。平成24年1月1日から平成28年12月31日までの間に新たに特定線量下業務を事業として実施する事業者についても同様とし、この場合、事業を開始した日から平成28年12月31日までの残り年数に20mSvを乗じた値を、平成28年12月31日までの第1項の被ばく線量限度とみなして関係規定を適用します。
　また、上記の「1年間」については、「5年間」の始期の日を始期とする1年間であり、「平成24年1月1日から平成24年12月31日まで」とします。ただし、平成23年3月11日以降に受けた線量は、平成24年1月1日に受けた線量とみなして合算します。
　なお、平成24年1月1日以降、平成24年6月30日までに受けた線量を把握している場合は、それを平成24年7月1日以降に被ばくした線量に合算します。

※3　特定線量事業者は、「1年間」又は「5年間」の途中に新たに自らの事業場において特定線量下業務に従事することとなった労働者について、当該「5年間」の始期より当該特定線量下業務に従事するまでの被ばく線量を当該労働

者が前の事業者から交付された線量の記録（労働者がこれを有していない場合は前の事業場から再交付を受けさせること。）により確認します。

※4　※2の始期については、特定線量下業務従事者に周知することとされています。

※5　※2の規定に関わらず、放射線業務を主として行う事業者については、事業場で統一された始期により被ばく線量管理を行っても差し支えないこととされています。

　　除染電離則においては、特定線量下業務を行う作業者の線量測定について、次のとおり規定しています。（具体的な方法は第2章の2（2）参照）

■放射線被ばくの態様は、内部被ばくと外部被ばくがあります。

【外部被ばく】体外の放射性物質からの放射線による被ばく

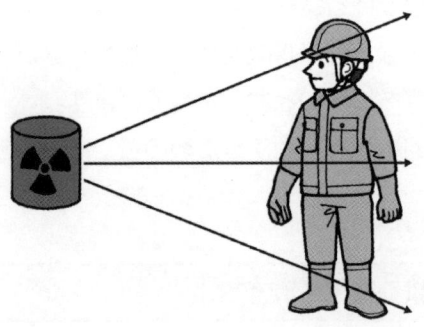

※主としてγ（ガンマ）線が問題となる。

【内部被ばく】体内に摂取された放射性物質からの放射線による被ばく

※口、鼻に汚染が認められる場合は、
　内部被ばくしている可能性がある。

※影響の大きさは、α線＞β線＞γ線

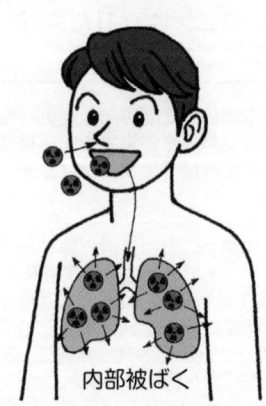
内部被ばく

(2)特定線量下業務における被ばく線量測定

① 特定線量下業務を行う場合

a. 外部被ばく線量は、個人線量計により測定します。

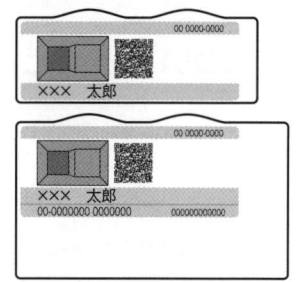

ガラスバッジ
クイクセルバッジ

数値の表示はなく1カ月や3カ月ごとに専用の読み取り装置で被ばく量を読み取る

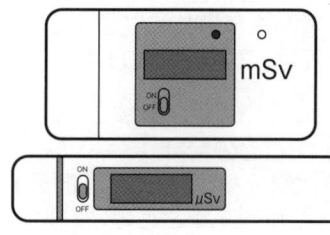

電子式線量計(直読式)

作業開始前にリセットして、数値を0にし作業終了時に数値を読み取る

b. 特定線量下業務は汚染土壌等や汚染廃棄物を取り扱わないため、内部被ばく線量は測定する義務はありません。(※)

(※)汚染土壌等や汚染廃棄物を取り扱う除染等業務では義務となります。

② 自営業者、個人事業者については、被ばく線量管理等を実施することが困難なため、あらかじめ除染等の措置を適切に実施する等により、特定線量下業務に該当する作業に就かないことが望ましいです。

ア　やむをえず、特定線量下業務を行う個人事業主、自営業者については、特定線量下業務を行う事業者とみなして外部被ばく線量の測定、記録等を行ってください。

イ　ボランティアについては、作業による実効線量が1mSv/年を超えることのないよう、作業場所の平均空間線量率が2.5μSv/h（週40時間、52週換算で、5mSv/年）以下の場所であって、かつ、年間数十回（日）の範囲内で作業を行ってください。

4 被ばく線量測定の結果の確認及び記録等の方法

(1) 被ばく線量測定の結果については、しっかりと確認して、3(1)に示す線量限度を超えないよう被ばく線量を低減させなければなりません。

(2) 除染電離則により、事業者は、線量の測定結果等について、次のとおり取り扱わなければならないこととされています。

① 線量の記録

測定された線量は、除染電離則に定める方法で記録しなければなりません。

男性又は妊娠する可能性がないと診断された女性の実効線量	3月ごと、1年ごと及び5年ごとの合計（5年間において、実効線量が1年間につき20mSvを超えたことのない者にあっては、3月ごと及び1年ごとの合計）
女性（妊娠する可能性がないと診断されたものを除く。）の実効線量	1月ごと、3月ごと及び1年ごとの合計（1月間に受ける実効線量が1.7mSvを超えるおそれのない者にあっては、3月ごと及び1年ごとの合計）
妊娠中の女性の等価線量	腹部表面に受ける等価線量の1月ごと、妊娠中の合計

② 線量記録の保存

記録された線量を、30年間保存しなければなりません。

ただし、当該記録を5年保存した後においては、厚生労働大臣が指定する機関（※）に引き渡すことができます。

また、特定線量下業務従事者が離職した後であれば、5年に満たなくても、その特定線量下業務従事者に係る記録を厚生労働大臣が指定する機関（※）に引き渡すことができます。

（※）公益財団法人放射線影響協会が指定されています。

③ 線量記録の通知

①の記録について、労働者に通知しなければなりません。

④ 事業廃止の場合の、線量記録の引き渡し

その事業を廃止しようとする場合、それまでの線量データが散逸するおそれがあるため、①の記録を厚生労働大臣が指定する機関（※）に引き渡さなければなりません。

（※）公益財団法人放射線影響協会

⑤ 労働者が退職する場合の記録の交付

特定線量下業務に従事した労働者が離職する、又は事業を廃止するときは、①の記録の写しを労働者に交付しなければなりません。なお、有期契約労働者又は派遣労働者を使用する場合には、放射線管理を適切に行うため、以下の事項に留意します。

・3月未満の期間を定めた労働契約又は派遣契約による労働者を使用する場合には、被ばく線量の算定は、1ヶ月ごとに行い、記録すること
・契約期間の満了時には、当該契約期間中に受けた実効線量を合計して被ばく線量を算定して記録し、その記録の写しを当該特定線量下業務従事者に交付すること

(3)健康診断

労働安全衛生法においては、労働者に対して、雇い入れた時、その後は1年以内に1回健康診断を実施することが義務付けられています。

特定線量下業務にあたる場合には、必ず受診するようにしてください。

なお、期間の定めのある労働契約又は派遣契約を締結した労働者又は派遣労働者に対しても、健康状態の把握の必要があることから、雇い入れ時に健康診断を実施してください。

一般健康診断（実施内容）

実施項目	頻度
1．既往歴及び業務歴の調査 2．自覚症状及び他覚症状の有無の検査 3．身長、体重、視力、及び聴力の検査 4．胸部エックス線検査及びかくたん検査 5．血圧の測定 6．貧血検査 7．肝機能検査 8．血中脂質検査 9．血糖検査 10．尿検査 11．心電図検査	1年に 1回

また、除染電離則においては、特定線量下業務従事者に対し、雇い入れた時又は特定線量下業務に配置換えの際、被ばく歴の有無（被ばく歴がある者については、①作業の場所、②内容及び期間その他放射線による被ばくに関する事項）の調査を行い、記録し、30年間保存しなければなりません。この記録は、4(2)①の線量記録の一部として保存してください。（様式1参照）

ただし、当該記録を5年保存した後、又は特定線量下業務従事者に係る記録を特定線量下業務従事者が離職した後においては、厚生労働大臣が指定する機関に引き渡すことができます。

(4) 東電福島第一原発緊急作業従事者に対する健康保持増進の措置等

特定線量下事業者は、東京電力福島第一原子力発電所における緊急作業に従事した労働者を特定線量下業務に就かせる場合は、次に掲げる事項を実施してください。

① 電離則第59条の2に基づく次の報告を厚生労働大臣（厚生労働省労働衛生課あて）に行わなければなりません。
   ア 一般健康診断結果の個人票の写しを、健康診断実施後、遅滞なく提出すること
   イ 3月ごとの月の末日に、「指定緊急作業従事者等に係る線量等管理実施状況報告書」（電離則様式第3号）を提出すること

② 「東京電力福島第一原子力発電所における緊急作業従事者等の健康の保持増進のための指針」（平成23年東京電力福島第一原子力発電所における緊急作業従事者等の健康の保持増進のための指針公示第5号）に基づき、保健指導等を実施するとともに、緊急作業従事期間中に50mSvを超える被ばくをした者に対して、必要な検査等を実施してください。

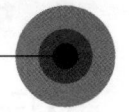

第2章 放射線測定等の方法に関する知識

1 作業の方法と順序

(1) 事前調査

特定線量下業務を行う作業場所については、あらかじめ事前調査（※）して、次の結果を記録しておくことが、事業者の義務とされています。

・作業場所の平均空間線量率（μSv/h）

また、事業者は、あらかじめこれらの調査が終了した年月日、調査の方法と結果の概要を、労働者に書面により明示しなければならないこととされています。

（※）同一の場所で継続して行う場合は、作業開始前と2週間ごとに行ってください。

(2) 医師による診察等

特定線量事業者は、特定線量下業務等従事者が次のいずれかに該当する場合、速やかに医師の診察又は処置を受けさせなければならないこととされています。

・被ばく線量限度を超えて実効線量を受けた場合
・放射性物質を誤って吸入摂取し、又は経口摂取した場合
・放射性物質により汚染された後、洗身等によっても汚染を $40Bq/cm^2$ 以下にすることができない場合
・傷創部が放射性物質により汚染された場合

2 放射線測定の方法

(1)平均空間線量率の測定方法

事業者が、特定線量下業務に労働者を従事させるにあたって、実施する線量管理の内容を判断するため、作業場所の平均空間線量が2.5μSv/hを超えるかどうかを、下記により測定します。

① 基本的な考え方

■ 作業の開始前に、あらかじめ測定すること。

■ 特定線量下業務を同じ場所で継続する場合は、2週間につき1度、測定を実施すること。なお、測定値が2.5μSv/hを下回った場合でも、天候等による測定値の変動がありえるため、測定値が2.5μSv/hのおよそ9割（2.2μSv/h）を下回るまで、測定を継続する必要がある。

　また、台風や洪水、地滑り等、周辺環境に大きな変化があった場合は、測定を実施すること。

■ 測定は、作業場所が2.5μSv/hを超えて被ばく線量管理が必要か否かを判断するために行われるものであるため、文部科学省が公表している航空機モニタリング等の結果を踏まえ、事業者が、作業場所が明らかに2.5μSv/hを超えていると判断する場合、個別の作業場所での航空機モニタリング等の結果をもって平均空間線量率の測定に代えることができる。

　また、公表されている空間線量率及び作業内容等から、明らかに2.5μSv/hを下回っていて特定線量下業務に該当しないと判断できる場合には、作業前の平均空間線量率の測定を実施しないことができます。

② 測定方法

■ 測定は、地上1mの高さで行うこと。
■ 労働者の被ばく実態を反映できる結果を得られる測定をすること。

※測定器等については、作業環境測定基準第8条に従い、次のようなサーベイメータを用います。

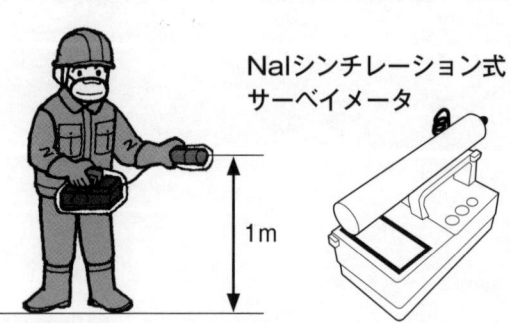

NaIシンチレーション式サーベイメータ

※サーベイメータ等の取扱方法について

測定にあたって、サーベイメータを取り扱う際には、特に次の点に留意して下さい。

・校正済みの測定器を使用すること。
・時定数（正しい応答が得られるまでの時間の目安）に留意すること。
・測定器が汚染されないようにビニール袋をかぶせるなど注意すること。

第2章　放射線測定等の方法に関する知識

その他、環境省作成の「除染等の措置に係るガイドライン」等も参考としてください。

③　測定位置及び平均空間線量率の求め方

特定線量下業務を行う作業場の区域（当該作業場の面積が1000㎡を超えるときは、当該作業場を1000㎡以下の区域に区分したそれぞれの区域をいう。）中で、最も線量が高いと見込まれる3地点の空間線量率を測定し、測定結果の平均値を平均空間線量率とします。

(2) 被ばく線量の測定方法

放射線や放射能の測定は、その測定項目に応じて種々の測定器が用いられています。

①　外部被ばくによる線量の測定

外部から受けた放射線の測定には、次のような測定器が使用されています。

電子式線量計……………………………………作業開始前にリセットして、数値を0にし、作業終了時に表示された数値を読み取ります（アラーム付き（APD）のものは、あらかじめ設定された線量に達すると警報を発します。）。

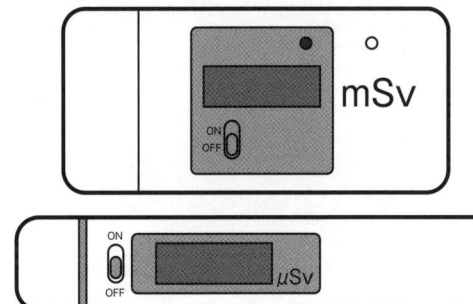

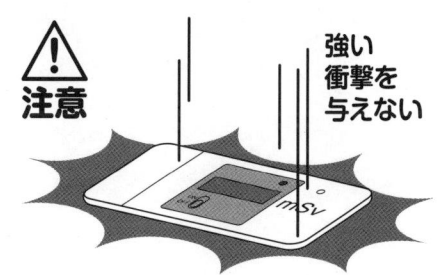

注意　強い衝撃を与えない

ガラスバッジ、クイクセルバッジ…………数値の表示はなく、1カ月に1回、専用の読み取り装置で被ばく線量を読み取ります。

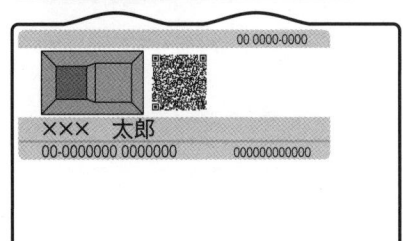

※男性・妊娠する可能性がないと診断された女性は胸部で測ります。
※上記以外の女性は腹部で測ります。

② 内部被ばくによる線量の測定

　特定線量下業務では、内部被ばくの測定を義務付けてはいませんが、高濃度汚染土壌等（セシウムの濃度が50万Bq/kgを超えるもの）を取り扱う作業であって、粉じんの濃度が10mg/㎥を超える作業を行う場合等は、体内の放射性物質の量を評価するために、ホールボディカウンタ（体内に摂取され沈着した放射性物質の量を体外から測定する装置）（WBC）による測定、排泄物中（尿、糞）の放射性物質の濃度測定（バイオアッセイ）、空気中の放射性物質濃度測定による評価等の方法により行います。

ホールボディカウンタ

3　外部放射線による線量当量率の監視の方法

警報付き電子線量計（APD）は、あらかじめ設定された線量に達するとアラームが鳴ります。

アラームが鳴ることがすぐに危険に繋がるものではありませんが、あらかじめ計画された線量（計画被ばく線量）を超過していることになりますので、もしもアラームが鳴った場合には、すみやかに作業場所から退出し、作業指揮者の指示にしたがいます。

なお、被ばく限度の基準（第1章の3（1）「被ばく線量限度」参照）を超えた場合などは、速やかに医師の診察等を受けさせるとともに、所轄の労働基準監督署長に報告しなければなりません。

※　外部被ばくを防止するためには

■　高い放射線を出していると判明しているものについては、その線源を除去したり、遮へいをしたり、不必要に近付かないなど距離をとることによって、外部被ばくを低減させることができます。

■　作業前の打ち合わせや、工具の点検など、事前の準備を十分に行うことで、作業時間を短縮し、外部被ばくを低減させることができます。

■　作業中、手のあいた時には、少しでも放射線レベルの低い場所へ移動するようにします。

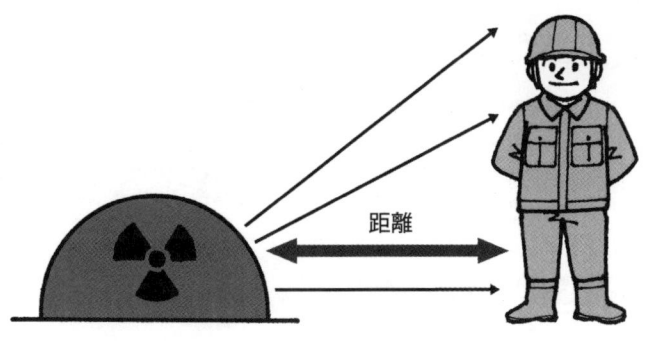

4 異常な事態が発生した場合における応急の措置の方法

　特定線量下業務を行う際には、他の野外作業と同様に、人身事故が発生する可能性があります。

　その際の措置は、基本的には一般の事故と同じです。

　ただ、傷口等に放射性物質が付着した可能性もあることから、応急措置後に傷口の汚染程度を測定します。

　もしも、人身事故が発生したら……

■<u>けが人を救助</u>するとともに、<u>ただちに、応急措置を行い</u>、作業指揮者等へ<u>事故の発生を連絡</u>します。

　　　（状況により、サーベイメータにより傷口の汚染を測定してください）

■必要に応じて、<u>救急車を手配</u>（119による消防への通報）してください。（場所・患者の人数・状況を伝えてください。）

　心肺停止の際は、救急車の到着前に一次救命処置を行います。

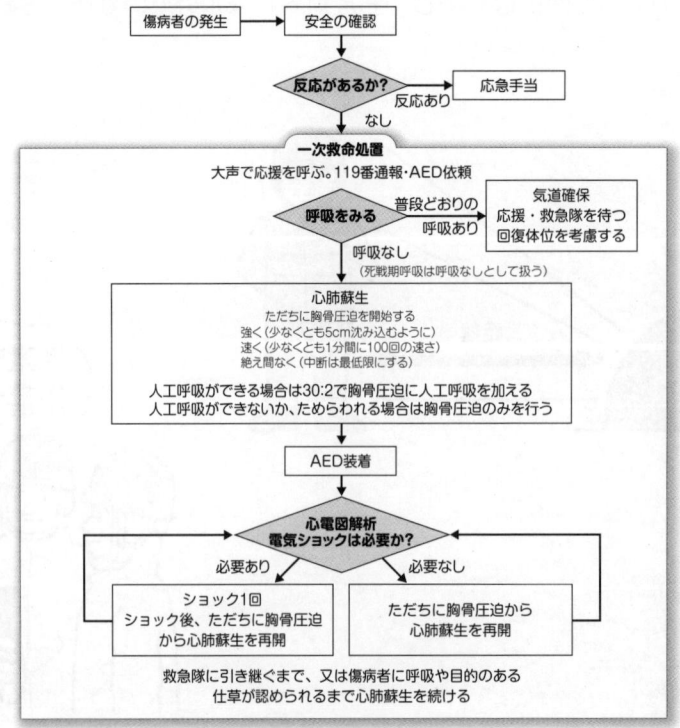

一次救命処置の流れ

なお、けが人のけがの状況について、医師に説明する際には、次の点に留意します。
・いつ、誰が、どこで、どのような状況でけがをしたか
・サーベイメータで計測している場合は傷口の汚染の程度

特定線量下業務を行う現場は、作業に伴うさまざまな危険があります。
あらかじめ、けが人等が発生した場合の手順や、搬送の方法等について定めておきます。

なお、熱中症については、次のとおり救急処置を行います。

(1)熱中症について

　暑いときや運動をしたときには、体内で熱が発生し体温が上昇します。このとき、自律神経を介して末梢の血管を拡張させ、皮膚に多くの血液を分布させたり、発汗させたりすることによって、外気へ熱伝導によって熱を放散させ、体温を低下させます。このように、人は一定の範囲に体の温度を調節する機能を持っています。
　発汗などによって体から水分や塩分が失われますが、体がこのような状態に適切に対処できないと、筋肉のひきつけ症状や脳貧血による失神を起こします。熱の産生と放出のバランスが崩れてしまうと体温が著しく上昇してしまいますが、このような状態を熱中症といいます。
　熱中症は、表に示した環境の状態やからだの状態のときに発生しやすくなります。また、心疾患、糖尿病、精神神経疾患、広範囲の皮膚疾患なども体温調節がしにくくなっている状態ですので注意する必要があります。また、高齢者や肥満体型の方も熱中症のリスクが高いので注意します。

環境	からだ
気温が高い 湿度が高い 風が弱い 日差しが強い	激しい労働や運動によって体内に著しい熱が産生されている 暑い環境に体が十分に対応できていない カゼ、二日酔などで不調である

(2) 熱中症の症状と分類

　熱中症を分類すると、表に示したように症状によってⅠ度、Ⅱ度、Ⅲ度に分けることができます。Ⅰ度の症状があれば、涼しい場所に移して体を冷やすこと、水分を与えることが必要となります。Ⅱ度やⅢ度の症状があれば、すぐに病院へ搬送する必要があります。
　Ⅰ度の"めまい・失神"は、「立ちくらみ」の状態で、脳への血流が瞬間的に不十分になっ

たために起こります。"筋肉痛・筋肉の硬直"は、発汗に伴う塩分(ナトリウムなど)の欠乏により生じ、痛みを伴います。

Ⅱ度の"頭痛・気分の不快・吐き気・嘔吐・倦怠感・虚脱感"は、体がぐったりする、力が入らないという状態です。

Ⅲ度の"意識障害・麻痺・手足の運動障害"は、呼びかけや刺激への反応がおかしい、体にガクガクとひきつけがある、真直ぐに走れない・歩けないという状態です。"高体温"は、体に触れると熱いという感触がある状態で、従来から、熱射病とか重度の日射病といわれたものです。

熱中症の症状と分類

Ⅰ度	めまい・失神…「立ちくらみ」のこと。「熱失神」と呼ぶこともあります。 筋肉痛・筋肉の硬直…筋肉の「こむら返り」のこと。「熱痙攣」と呼ぶこともあります。 大量の発汗	重症度 小
Ⅱ度	頭痛・気分の不快・吐き気・嘔吐・倦怠感・虚脱感… 　体がぐったりする、力が入らない、など。従来「熱疲労」と言われていた状態です。	↓
Ⅲ度	意識障害・麻痺・手足の運動障害… 　呼びかけや刺激への反応がおかしい、ガクガクと引きつけがある、真直ぐに歩けない、など。 高体温… 　体に触れると熱いという感触があります。従来「熱射病」などと言われていたものが相当します。	重症度 大

(3)暑さ指数

熱中症予防のための指標として、「WBGT」(Wet-bulb Globe Temperature)があります。

体と環境の間の熱のやり取りは、伝導、輻射、対流、蒸発などの過程に依存しています。暑さ指数WBGTの測定は、簡易測定器により簡単にできますが、測定器がない場合はWBGT値と気温と湿度との関係を示した表を使用しておおよその暑さ指数であるWBGTの値を推定することができます。

例えば、気温が32℃で相対湿度が50%の場合、WBGTは28℃となり、熱中症発症の厳重警戒レベルとなります。

WBGT値と気温、相対湿度との関係

(日本生気象学会「日常生活における熱中症予防指針」Ver.1 2008.4から)

相 対 湿 度 (%)

気温(℃)(乾球温度)	20	25	30	35	40	45	50	55	60	65	70	75	80	85	90	95	100
40	29	30	31	32	33	34	35	35	36	37	38	39	40	41	42	43	44
39	28	29	30	31	32	33	34	35	35	36	37	38	39	40	41	42	43
38	28	28	29	30	31	32	33	34	35	35	36	37	38	39	40	41	42
37	27	28	29	29	30	31	32	33	35	35	35	36	37	38	39	40	41
36	26	27	28	29	29	30	31	32	33	34	34	35	36	37	38	39	39
35	25	26	27	28	29	29	30	31	32	33	33	34	35	36	37	38	38
34	25	25	26	27	28	29	29	30	31	32	33	33	34	35	36	37	37
33	24	25	25	26	27	28	28	29	30	31	32	32	33	34	35	35	36
32	23	24	25	25	26	27	28	28	29	30	31	31	32	33	34	34	35
31	22	23	24	24	25	26	27	27	28	29	30	30	31	32	33	33	34
30	21	22	23	24	24	25	26	27	27	28	29	29	30	31	32	32	33
29	21	21	22	23	24	24	25	26	26	27	28	29	29	30	31	31	32
28	20	21	21	22	23	23	24	25	25	26	27	28	28	29	30	30	31
27	19	20	21	21	22	23	24	24	25	25	26	27	27	28	29	29	30
26	18	19	20	20	21	22	22	23	24	24	25	26	26	27	28	28	29
25	18	18	19	20	20	21	22	22	23	23	24	25	25	26	27	27	28
24	17	18	18	19	19	20	21	21	22	22	23	24	24	25	26	26	27
23	16	17	17	18	19	19	20	20	21	22	22	23	23	24	25	25	26
22	15	16	17	17	18	18	19	19	20	21	21	22	22	23	24	24	25
21	15	15	16	16	17	17	18	19	19	20	20	21	21	22	23	23	24

WBGT値
危 険　31℃以上
厳重警戒　28～31℃以上
警 戒　25～28℃以上
注 意　25℃未満

（注）危険、厳重警戒等の分類は、日常生活の上での基準であって、労働の場における熱中症予防の基準には当てはまらないことに注意が必要であること。

(4)熱中症予防対策

　夏季においては熱中症のリスクが高くなることから、作業開始前の体調のチェック、適切な休憩時間の確保と水分及び塩分の十分な補給などを行います。また、冷房を備え又は日陰などの涼しい休憩場所を設ける必要があります。（平成21年6月19日付け基発第0619001号参照。）

(5)応急処置

　熱中症を疑った時には、死に直面した緊急事態であることをまず認識しなければなりません。重症の場合は救急隊を呼ぶことはもとより、現場ですぐに体を冷やし始めることが必要です。以下に、現場での応急処置の内容を示しました。

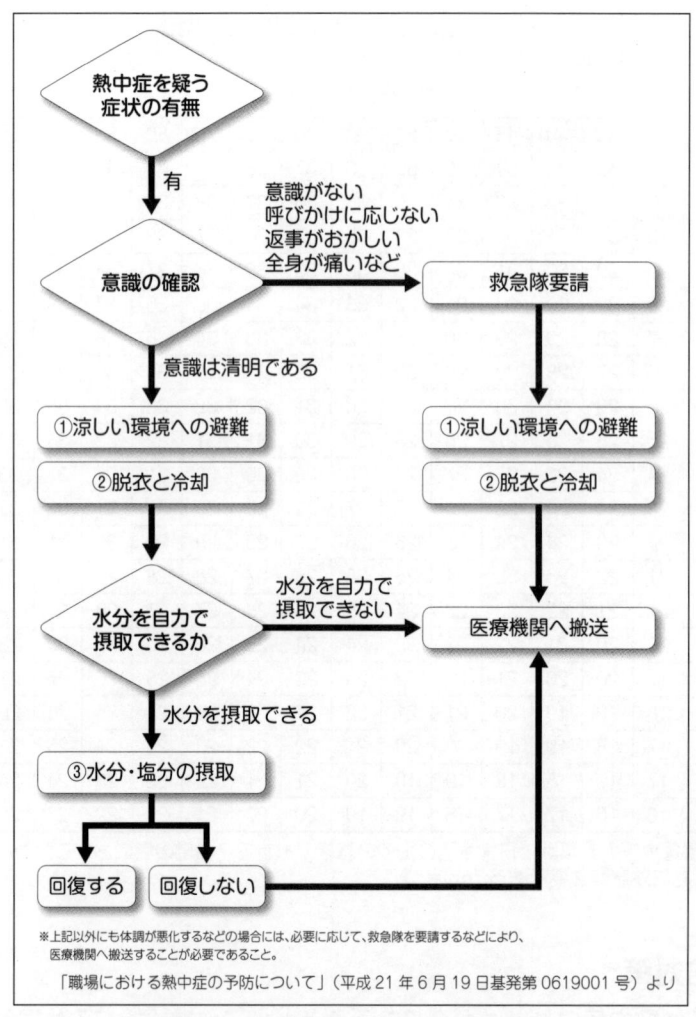

熱中症の応急処置（現場での応急処置）

　熱中症は急速に進行し重症化する病態です。熱中症の疑いのある人を医療機関に搬送する際には、医療機関到着時に熱中症を疑っての検査と治療が迅速に開始されるよう、その場に居あわせた最も状況のよくわかる人が医療機関まで付き添って発症時の状態などを伝えることが必要です。

　特に「暑い環境」で「いままで元気だった人」が突然「倒れた」といったような熱中症を強く疑わせる情報は、医療機関が熱中症の処置を即座に開始する大事な情報です。情報が十分伝わらない意識障害のある患者の場合、診断に手間どり、結果として熱中症に対する処置を迅速に行えなくなる恐れがあります。

第3章 関係法令

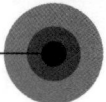

　国民を代表する機関である国会が制定した「法律」と、法律の委任を受けて内閣が制定した「政令」、及び厚生労働省など専門の行政機関が制定した「省令」などの命令をあわせて、一般に「法令」と呼んでいます。

　労働安全衛生法における政令としては、「労働安全衛生法施行令」が制定されており、労働安全衛生法の各条に定められた規定の適用範囲や用語の定義などを定めています。

　また、労働安全衛生法における省令には、すべての事業場に適用される事項の詳細を定める「労働安全衛生規則」と、特定の業務等を行う事業場のみに適用される「電離放射線障害予防規則」や「東日本大震災により生じた放射性物質により汚染された土壌等を除染するための業務等に係る電離放射線障害防止規則」などの特別規則があります。

　こうした法令とともに、さらに詳細な事項について、具体的に定め国民に知らせるために「告示」あるいは「公示」として示されることがあります。

　これらについて、労働安全衛生法関係では、一般に「厚生労働省告示」、あるいは、「技術上の指針公示」や「健康障害を防止するための指針公示」として公表されます。

　さらに、法令や告示・公示に関して、厚生労働省労働基準局長から都道府県労働局長に発出する、上級の行政機関が下級の行政機関に対し、法令の内容の解釈や指示を与えるための通知を「通達」といい、一般に「行政通達」と呼ばれています。

　これらの関係を図示しますと、次頁の図のようになります。

　この章では、これらの内容を以下のとおり掲載しました。

【第3章 関係法令目次】

1　関係法令のあらまし
　（1）労働安全衛生法 ………………………………………………………………………… 31
　（2）東日本大震災により生じた放射性物質により汚染された土壌等を
　　　除染するための業務等に係る電離放射線障害防止規則（除染電離則） ………… 33

2　関係法令
　（1）労働安全衛生法 ………………………………………………………………………… 36
　（2）東日本大震災により生じた放射性物質により汚染された土壌等を除染する
　　　ための業務等に係る電離放射線障害防止規則（除染電離則）と解説 …………… 40
　（3）東日本大震災により生じた放射性物質により汚染された土壌等を除染するための
　　　業務等に係る電離放射線障害防止規則第2条第7項等の規定に基づく厚生労働大臣が
　　　定める方法、基準及び区分（告示）（基準告示） …………………………………… 55
　（4）除染等業務特別教育及び特定線量下業務特別教育規程（告示） ………………… 58
　（5）特定線量下業務に従事する労働者の放射線障害防止のためのガイドライン …… 59

〔法律〕(国会で制定) — 労働安全衛生法

〔政令〕(内閣で制定) — 労働安全衛生法施行令

〔省令〕(厚生労働省で制定)
- 労働安全衛生規則
- 電離放射線障害防止規則(電離則)
- 東日本大震災により生じた放射性物質により汚染された土壌等を除染するための業務等に係る電離放射線障害防止規則(除染電離則)

〔告示・公示〕

東日本大震災により生じた放射性物質により汚染された土壌等を除染するための業務等に係る電離放射線障害防止規則第2条第7項の規定に基づく厚生労働大臣が定める方法、基準及び区分(本章では「基準告示」という。)

除染等業務特別教育及び特定線量下業務特別教育規程

〔通達〕

除染業務等に従事する労働者の放射線障害防止のためのガイドライン

特定線量下業務に従事する労働者の放射線障害防止のためのガイドライン

東日本大震災により生じた放射性物質により汚染された土壌等を除染するための業務等に係る電離放射線障害防止規則等の施行について
(平成23年12月22日付け基発1222第7号)

東日本大震災により生じた放射性物質により汚染された土壌等を除染するための業務等に係る電離放射線障害防止規則等の一部を改正する省令の施行について
(平成24年6月15日付け基発0615第7号)

1 関係法令のあらまし

　放射線管理に関連する法令には、さまざまな法律がありますが、ここでは、電離放射線の危険から労働者を守ることを目的としている労働安全衛生法とその関係法令について説明します。

　作業の安全と労働者の健康障害については、労働安全衛生法とこれに基づいて制定されている労働安全衛生法施行令、労働安全衛生規則、東日本大震災により生じた放射性物質により汚染された土壌等を除染するための業務等に係る電離放射線障害防止規則（以下「除染電離則」という。）などに、有害な電離放射線から労働者の健康を保護するため、事業者が守らなければならない事項が定められています。

(1) 労働安全衛生法
1) 目的
　第1条　この法律は、労働基準法（昭和22年法律第49号）と相まって、労働災害の防止のための危害防止基準の確立、責任体制の明確化及び自主的活動の促進の措置を講ずる等その防止に関する総合的計画的な対策を推進することにより職場における労働者の安全と健康を確保するとともに、快適な職場環境の形成を促進することを目的とする。

　労働安全衛生法は、職場で発生するすべての事故や職業病の予防のための規定を定めている、いわば労働災害防止のための基本法といえるものです。この第1条では、労働安全衛生法の目的としてさまざまな安全衛生に関する方策を講ずることによって、①労働者の安全と健康を確保し、②快適な職場環境を作っていくこと、であると定めています。

2) 事業者と労働者の義務
　第3条（第1項）　事業者は、単にこの法律で定める労働災害の防止のための最低基準を守るだけでなく、快適な職場環境の実現と労働条件の改善を通じて職場における労働者の安全と健康を確保するようにしなければならない。また、事業者は、国が実施する労働災害の防止に関する施策に協力するようにしなければならない。

　第4条　労働者は、労働災害を防止するため必要な事項を守るほか、事業者その他の関係者が実施する労働災害の防止に関する措置に協力するように努めなければならない。

　この条文は、労働災害の防止のために事業者が守らなければならない基本的な義務を定めたものです。事業者とは事業体のことで、その代表的なものは企業です。労働災害を防止することは事業者（企業）の義務ですが、この条文はこのことをあらためて確認するものです。また単に法律で定めている最低の基準を守っていればよいという消極的な姿勢は十分ではなく、より積極的に、快適な環境と労働条件の改善をしていくことが、事業者の義務であるとされています。

　安全と健康の確保は事業者の責任ではありますが、労働者の方も安全衛生を事業者に任

せきりにしておいて良いわけではない、ということが第4条に定められています。この条文によれば、労働者は災害防止のための必要な措置を守り、事業者などが行う災害防止措置に協力することになっています。したがって、定められた安全のための作業規程などを、労働者側で無断で変えてしまったり、定められた作業規程とは違う作業をすることなどは、労働安全衛生法に違反することになります。

3) 事業者が講ずべき措置

労働安全衛生法第22条には次のような規定があります。

第22条 事業者は、次の健康障害を防止するため必要な措置を講じなければならない。
① 原材料、ガス、蒸気、粉じん、酸素欠乏空気、病原体等による健康障害
② 放射線、高温、低温、超音波、騒音、振動、異常気圧等による健康障害
③ 計器監視、精密工作等の作業による健康障害
④ 排気、排液又は残さい物による健康障害

この規定では、事業者は、放射線による健康障害を防止するための対策を取らなければならないと定めています。除染作業などではこの規定が適用されるので、事業者は労働安全衛生法に基づいた放射線障害防止のための対策を講じなければなりません。

この健康障害を防止するための対策の詳しい内容については、主に除染電離則に定められています。除染電離則は、労働安全衛生法に基づき定められた規則で、専門的な技術に関することがらは除染電離則の中で定められています。

除染電離則のあらましについては、後ほど説明します。

4) 安全衛生特別教育の実施

労働安全衛生法では、いろいろな業務の中でも特に危険だったり、人体に有害だと考えられる業務については、「安全又は衛生のための特別の教育」を行うことを定めています（第59条第3項）。これを一般に「安全衛生特別教育」と呼んでいます。

安全衛生特別教育が必要とされる業務は、労働安全衛生規則などにおいて、約40種類の業務が定められています。

除染等に関係する業務では、「除染等業務」及び「特定線量下業務」について、安全衛生特別教育が必要とされています（除染電離則第19条及び第25条の8）。「除染等業務」とは、具体的には、次の3つです。

① 土壌等の除染等の業務
　事故由来放射性物質により汚染された土壌、草木、工作物等について講ずる当該汚染に係る土壌、落葉及び落枝、水路等に堆積した汚泥等の除去、当該汚染の拡散の防止その他の措置を講ずる業務
② 廃棄物処理等の業務
　除染特別地域等に係る除去土壌又は事故由来放射性物質により汚染された廃棄物の収集、運搬又は保管に係る業務

③ 特定汚染土壌等の取扱の業務
　　除染特別地域等内において、汚染土壌であって、当該土壌に含まれる事故由来放射性物質セシウム134及びセシウム137の放射能濃度の値が1万Bq/kgを超えるものを取扱う業務

「特定線量下業務」とは、具体的には次のとおりです。
　除染等特別地域等内における、平均空間線量率が2.5μSv/hを超える場所において事業者が行う除染等業務以外の業務

　このように、これらの業務は、放射線障害防止を目的とした「安全衛生特別教育」を行うことが、事業者の義務となっています。この特別教育のカリキュラムについては、除染電離則及び告示において定められています。

(2) 東日本大震災により生じた放射性物質により汚染された土壌等を除染するための業務等に係る電離放射線障害防止規則（除染電離則）

　除染電離則は、除染等の作業に従事する労働者の放射線による健康障害をできるだけ少なくすることを目的とした規則で、労働安全衛生法に基づいて定められたものです。
　放射線や放射性物質というものの性格上、内容が技術的・専門的にならざるを得ない面がありますが、以下、重要な部分をかいつまんで説明します。

第1章　総則
1）基本原則（第1条）
第1条　事業者は、除染特別地域等内において、除染等業務従事者及び特定線量下業務従事者その他の労働者が電離放射線を受けることをできるだけ少なくするように努めなければならない。

　この規定は、放射線に対する被ばくを可能な限り少なくすることが必要であることを述べたものです。次に示すとおり、除染等を行う作業者には被ばく限度が定められていますが、その限度内であれば被ばく低減のための対策は不要ではなく、さらなる被ばく低減のために努力する必要があります。

第2章　除染等業務（略）

第3章　特定線量下業務
1）除染等業務従事者の被ばく限度（第25条の2）
第25条の2　事業者は、特定線量下業務従事者の受ける実効線量が5年間につき100ミリシーベルトを超えず、かつ、1年間につき50ミリシーベルトを超えないようにしなければならない。

- 33 -

② 事業者は、前項の規定にかかわらず、女性の特定線量下業務従事者（妊娠する可能性がないと診断されたもの及び次条に規定するものを除く。）の受ける実効線量については、3月間につき5ミリシーベルトを超えないようにしなければならない。

　特定線量下業務に従事する労働者が受ける実効線量は、除染等業務と同様に5年間で100mSv、1年間で50mSvを超えてはならないと決められています。
　また、女性作業者については、原則として3カ月で5mSvを超えてはならないと決められています。

2）線量の測定と、測定結果の確認、記録等（第25条の4、第25条の5）

第25条の4　事業者は、特定線量下業務従事者が特定線量下作業により受ける外部被ばくによる線量を測定しなければならない。
（以下略）

第25条の5　事業者は、1日における外部被ばくによる線量が1センチメートル線量当量について1ミリシーベルトを超えるおそれのある特定線量下業務従事者については、前条第1項の規定による外部被ばくによる線量の測定の結果を毎日確認しなければならない。
②　事業者は、前条第3項の規定による測定に基づき、次の各号に掲げる特定線量下業務従事者の線量を、遅滞なく、厚生労働大臣が定める方法により算定し、これを記録し、これを30年間保存しなければならない。ただし、当該記録を5年間保存した後又は当該特定線量下業務従事者に係る記録を当該特定線量下業務従事者が離職した後において、厚生労働大臣が指定する機関に引き渡すときは、この限りでない。
　1～3（略）
③　事業者は、前項の規定による記録に基づき、特定線量下業務従事者に同項各号に掲げる線量を、遅滞なく、知らせなければならない。

　特定線量下業務に従事する労働者の被ばく線量が上限を超えないようにするため、事業者は、定められた方法により外部被ばく線量を測定し、また、その結果を毎日確認した上で、30年間保存する必要があります（5年経過後又は特定線量下業務従事者が離職した後は、厚生労働大臣の指定する機関（公益財団法人　放射線影響協会）に引き渡せます。）。なお、この線量は、労働者に対しても知らされることとされています。

3）事前調査（第25条の6）

第25条の6　事業者は、特定線量下業務を行うときは、当該業務の開始前及び開始後2週間ごとに、特定線量下作業を行う場所について、当該場所の平均空間線量率を調査し、その結果を記録しておかなければならない。
（以下略）

事業者は、特定線量下業務に先だって、作業場所の事前調査を行い、作業場所の平均空間線量率を調査することとされています。また、同一の場所で継続して作業を行っている間2週間ごとにも測定し、平均空間線量率を確認することとされています。

第4章　雑則
1）記録等の引渡し等（第27条）

第27条　第6条第2項、第25条の5第2項又は第25条の9の記録を作成し、保存する事業者は、事業を廃止しようとするときは、当該記録を厚生労働大臣が指定する機関に引き渡すものとする。

②　第6条第2項、第25条の5第2項又は第25条の9の記録を作成し、保存する事業者は、除染等業務従事者又は特定線量下業務従事者が離職するとき又は事業を廃止しようとするときは、当該除染等業務従事者又は当該特定線量下業務従事者に対し、当該記録の写しを交付しなければならない。

事業者は、除染等業務従事者又は特定線量下業務従事者が離職するときまたは事業を廃止するときは、被ばく線量の記録と除染等電離健康診断の結果の写しを労働者に交付することとされています。

2　関係法令

(1) 労働安全衛生法（昭和47年法律第57号）（抄）

(目的)
第1条　この法律は、労働基準法（昭和22年法律第49号）と相まって、労働災害の防止のための危害防止基準の確立、責任体制の明確化及び自主的活動の促進の措置を講ずる等その防止に関する総合的計画的な対策を推進することにより職場における労働者の安全と健康を確保するとともに、快適な職場環境の形成を促進することを目的とする。

(事業者等の責務)
第3条　事業者は、単にこの法律で定める労働災害の防止のための最低基準を守るだけでなく、快適な職場環境の実現と労働条件の改善を通じて職場における労働者の安全と健康を確保するようにしなければならない。また、事業者は、国が実施する労働災害の防止に関する施策に協力するようにしなければならない。
②, ③　（略）

第4条　労働者は、労働災害を防止するため必要な事項を守るほか、事業者その他の関係者が実施する労働災害の防止に関する措置に協力するように努めなければならない。

(事業者の講ずべき措置等)
第20条　事業者は、次の危険を防止するため必要な措置を講じなければならない。
　1　機械、器具その他の設備（以下「機械等」という。）による危険
　2　爆発性の物、発火性の物、引火性の物等による危険
　3　電気、熱その他のエネルギーによる危険

第21条　事業者は、掘削、採石、荷役、伐木等の業務における作業方法から生ずる危険を防止するため必要な措置を講じなければならない。
②　事業者は、労働者が墜落するおそれのある場所、土砂等が崩壊するおそれのある場所等に係る危険を防止するため必要な措置を講じなければならない。

第22条　事業者は、次の健康障害を防止するため必要な措置を講じなければならない。
　1　原材料、ガス、蒸気、粉じん、酸素欠乏空気、病原体等による健康障害
　2　放射線、高温、低温、超音波、騒音、振動、異常気圧等による健康障害
　3　計器監視、精密工作等の作業による健康障害
　4　排気、排液又は残さい物による健康障害

第 23 条　事業者は、労働者を就業させる建設物その他の作業場について、通路、床面、階段等の保全並びに換気、採光、照明、保温、防湿、休養、避難及び清潔に必要な措置その他労働者の健康、風紀及び生命の保持のため必要な措置を講じなければならない。

第 24 条　事業者は、労働者の作業行動から生ずる労働災害を防止するため必要な措置を講じなければならない。

第 25 条　事業者は、労働災害発生の急迫した危険があるときは、直ちに作業を中止し、労働者を作業場から退避させる等必要な措置を講じなければならない。

第 26 条　労働者は、事業者が第 20 条から第 25 条まで及び前条第 1 項の規定に基づき講ずる措置に応じて、必要な事項を守らなければならない。

第 27 条　第 20 条から第 25 条まで及び第 25 条の 2 第 1 項の規定により事業者が講ずべき措置及び前条の規定により労働者が守らなければならない事項は、厚生労働省令で定める。
② （略）

（安全衛生教育）
第 59 条　事業者は、労働者を雇い入れたときは、当該労働者に対し、厚生労働省令で定めるところにより、その従事する業務に関する安全又は衛生のための教育を行なわなければならない。
② 　前項の規定は、労働者の作業内容を変更したときについて準用する。
③ 　事業者は、危険又は有害な業務で、厚生労働省令で定めるものに労働者をつかせるときは、厚生労働省令で定めるところにより、当該業務に関する安全又は衛生のための特別の教育を行なわなければならない。

（就業制限）
第 61 条　事業者は、クレーンの運転その他の業務で、政令で定めるものについては、都道府県労働局長の当該業務に係る免許を受けた者又は都道府県労働局長の登録を受けた者が行う当該業務に係る技能講習を修了した者その他厚生労働省令で定める資格を有する者でなければ、当該業務に就かせてはならない。
② 　前項の規定により当該業務につくことができる者以外の者は、当該業務を行なつてはならない。
③ 　第 1 項の規定により当該業務につくことができる者は、当該業務に従事するときは、これに係る免許証その他その資格を証する書面を携帯していなければならない。
④ 　（略）

(作業環境測定)
第65条 事業者は、有害な業務を行う屋内作業場その他の作業場で、政令で定めるものについて、厚生労働省令で定めるところにより、必要な作業環境測定を行い、及びその結果を記録しておかなければならない。
② 前項の規定による作業環境測定は、厚生労働大臣の定める作業環境測定基準に従つて行わなければならない。
③～⑤ （略）

(作業環境測定の結果の評価等)
第65条の2 事業者は、前条第1項又は第5項の規定による作業環境測定の結果の評価に基づいて、労働者の健康を保持するため必要があると認められるときは、厚生労働省令で定めるところにより、施設又は設備の設置又は整備、健康診断の実施その他の適切な措置を講じなければならない。
② 事業者は、前項の評価を行うに当たつては、厚生労働省令で定めるところにより、厚生労働大臣の定める作業環境評価基準に従つて行わなければならない。
③ 事業者は、前項の規定による作業環境測定の結果の評価を行つたときは、厚生労働省令で定めるところにより、その結果を記録しておかなければならない。

(作業の管理)
第65条の3 事業者は、労働者の健康に配慮して、労働者の従事する作業を適切に管理するように努めなければならない。

(健康診断)
第66条 事業者は、労働者に対し、厚生労働省令で定めるところにより、医師による健康診断を行なわなければならない。
② 事業者は、有害な業務で、政令で定めるものに従事する労働者に対し、厚生労働省令で定めるところにより、医師による特別の項目についての健康診断を行なわなければならない。有害な業務で、政令で定めるものに従事させたことのある労働者で、現に使用しているものについても、同様とする。
③～⑤ （略）

(健康診断の結果の記録)
第66条の3 事業者は、厚生労働省令で定めるところにより、第66条第1項から第4項まで及び第5項ただし書並びに前条の規定による健康診断の結果を記録しておかなければならない。

(健康診断の結果の通知)
第66条の6 事業者は、第66条第1項から第4項までの規定により行う健康診断を受

けた労働者に対し、厚生労働省令で定めるところにより、当該健康診断の結果を通知しなければならない。

(労働基準監督署長及び労働基準監督官)
第90条 労働基準監督署長及び労働基準監督官は、厚生労働省令で定めるところにより、この法律の施行に関する事務をつかさどる。

(労働基準監督官の権限)
第91条 労働基準監督官は、この法律を施行するため必要があると認めるときは、事業場に立ち入り、関係者に質問し、帳簿、書類その他の物件を検査し、若しくは作業環境測定を行い、又は検査に必要な限度において無償で製品、原材料若しくは器具を収去することができる。
②〜④　(略)

第92条　労働基準監督官は、この法律の規定に違反する罪について、刑事訴訟法(昭和23年法律第131号)の規定による司法警察員の職務を行なう。

(労働者の申告)
第97条　労働者は、事業場にこの法律又はこれに基づく命令の規定に違反する事実があるときは、その事実を都道府県労働局長、労働基準監督署長又は労働基準監督官に申告して是正のため適当な措置をとるように求めることができる。
②　事業者は、前項の申告をしたことを理由として、労働者に対し、解雇その他不利益な取扱いをしてはならない。

(2) 東日本大震災により生じた放射性物質により汚染された土壌等を除染するための業務等に係る電離放射線障害防止規則（除染電離則）と解説

（平成23年厚生労働省令第152号）

（条文のあとの解説は、平成23年12月22日付け基発1222第7号（改正：平成24年6月15日付け基発0615第7号）に基づくもの。）

目　次
第1章　総則（第1条・第2条）
第2章　除染等業務における電離放射線障害の防止
　第1節　線量の限度及び測定（第3条—第6条）
　第2節　除染等業務の実施に関する措置（第7条—第11条）
　第3節　汚染の防止（第12条—第18条）
　第4節　特別の教育（第19条）
　第5節　健康診断（第20条—第25条）
第3章　特定線量下業務における電離放射線障害の防止
　第1節　線量の限度及び測定（第25条の2—第25条の5）
　第2節　特定線量下業務の実施に関する措置（第25条の6・第25条の7）
　第3節　特別の教育（第25条の8）
　第4節　被ばく歴の調査（第25条の9）
第4章　雑則（第26条—第29条）
附則

第1章　総則

（事故由来放射性物質により汚染された土壌等を除染するための業務等に係る放射線障害防止の基本原則）
第1条　事業者は、除染特別地域等内において、除染等業務従事者及び特定線量下業務従事者その他の労働者が電離放射線を受けることをできるだけ少なくするように努めなければならない。

○基本原則（第1条関係）
　第1条は、放射線により人体が受ける線量が除染電離則に定める限度以下であっても、確率的影響の可能性を否定できないため、除染電離則全般に通じる基本原則を規定したものであること。
　基本原則を踏まえた具体的実施内容としては、特定汚染土壌等取扱業務又は特定線量下業務を実施する際に、特定汚染土壌等取扱業務又は特定線量下業務に従事する労働者の被ばく低減を優先し、次に掲げる事項に留意の上、あらかじめ、作業場所における除染等の措置が実施されるよう努めることがあること。

ア　ICRPで定める正当化の原則（以下「正当化原則」という。）から、一定以上の被ばくが見込まれる作業については、被ばくによるデメリットを上回る公益性や必要性が求められることに基づき、除染等業務従事者の被ばく低減を優先して、作業を実施する前にあらかじめ、除染等の措置を実施するよう努めること。

　ただし、除染等業務のうち、除染等の措置を実施するために最低限必要な水道や道路の復旧等については、除染や復旧を進めるために必要不可欠という高い公益性及び必要性に鑑み、あらかじめ除染等の措置を実施できない場合があるとともに、覆土、舗装、農地における反転耕等、除染等の措置と同等以上の放射線量の低減効果が見込まれる作業については、除染等の措置を同時に実施しているとみなしても差し支えないこと。

イ　正当化原則に照らし、最低限必要な水道や道路の復旧等以外の除染等業務を継続して行う事業者は、労働時間が長いことに伴って被ばく線量が高くなる傾向があること、必ずしも緊急性が高いとはいえないことも踏まえ、あらかじめ、作業場所周辺の除染等の措置を実施し、可能な限り線量低減を図った上で、原則として、被ばく線量管理を行う必要がない空間線量率（2.5マイクロシーベルト毎時以下）のもとで作業に就かせるよう努めること。

（定義）

第2条　この省令で「事業者」とは、除染等業務又は特定線量下業務を行う事業の事業者をいう。

②　この省令で「除染特別地域等」とは、平成23年3月11日に発生した東北地方太平洋沖地震に伴う原子力発電所の事故により放出された放射性物質による環境の汚染への対処に関する特別措置法（平成23年法律第110号）第25条第1項に規定する除染特別地域又は同法第32条第1項に規定する汚染状況重点調査地域をいう。

③　この省令で「除染等業務従事者」とは、除染等業務に従事する労働者をいう。

④　この省令で「特定線量下業務従事者」とは、特定線量下業務に従事する労働者をいう。

⑤　この省令で「電離放射線」とは、電離放射線障害予防規則（昭和47年労働省令第41号。以下「電離則」という。）第2条第1項の電離放射線をいう。

⑥　この省令で「事故由来放射性物質」とは、平成23年3月11日に発生した東北地方太平洋沖地震に伴う原子力発電所の事故により当該原子力発電所から放出された放射性物質（電離則第2条第2項の放射性物質に限る。）をいう。

⑦　この省令で「除染等業務」とは、次の各号に掲げる業務をいう。

1　除染特別地域等内における事故由来放射性物質により汚染された土壌、草木、工作物等について講ずる当該汚染に係る土壌、落葉及び落枝、水路等に堆積した汚泥等（以下「汚染土壌等」という。）の除去、当該汚染の拡散の防止その他の当該汚染の影響の低減のために必要な措置を講ずる業務（以下「土壌等の除染等の業務」という。）

2　除染特別地域等内における次のイ又はロに掲げる事故由来放射性物質により汚染された物の収集、運搬又は保管に係るもの（以下「廃棄物収集等業務」という。）

イ　前号又は次号の業務に伴い生じた土壌（当該土壌に含まれる事故由来放射性物質のうち厚生労働大臣が定める方法によって求めるセシウム134及びセシウム137の放射能濃度の値が1万ベクレル毎キログラムを超えるものに限る。以下「除去土壌」という。）

ロ　事故由来放射性物質により汚染された廃棄物（当該廃棄物に含まれる事故由来放射性物質のうち厚生労働大臣が定める方法によって求めるセシウム134及びセシウム137の放射能濃度の値が1万ベクレル毎キログラムを超えるものに限る。以下「汚染廃棄物」という。）

3　前二号に掲げる業務以外の業務であって、特定汚染土壌等（汚染土壌等であって、当該汚染土壌等に含まれる事故由来放射性物質のうち厚生労働大臣が定める方法によって求めるセシウム134及びセシウム137の放射能濃度の値が1万ベクレル毎キログラムを超えるものに限る。以下同じ。）を取り扱うもの（以下「特定汚染土壌等取扱業務」という。）

⑧　この省令で「特定線量下業務」とは、除染特別地域等内における厚生労働大臣が定める方法によって求める平均空間線量率（以下単に「平均空間線量率」という。）が事故由来放射性物質により2.5マイクロシーベルト毎時を超える場所において事業者が行う除染等業務以外の業務をいう。

⑨　この省令で「除染等作業」とは、除染特別地域等内における除染等業務に係る作業をいう。

⑩　この省令で「特定線量下作業」とは、除染特別地域等内における特定線量下業務に係る作業をいう。

○定義（第2条関係）

ア　本条は、除染電離則における用語の定義を示したものであること。

イ　第2項の除染特別地域等について、現在指定されているものは別紙1のとおりであること。

ウ　第7項第2号及び第3号において、除去土壌、汚染廃棄物及び特定汚染土壌等のセシウム134及びセシウム137の放射能濃度の下限値である1万ベクレル毎キログラムについては、電離則第2条第2項及び電離則別表第1で定める放射性物質の定義のうち、セシウム134及びセシウム137の放射能濃度の下限値と同じであること。

エ　第7項第2号イの「除去土壌」には、特定汚染土壌等取扱業務に伴い生じた土壌が含まれるが、作業場所において埋め戻し、盛り土等に使用する土壌等、作業場所から持ち出さない土壌は「除去土壌」には含まれないこと。

オ　第7項第3号の特定汚染土壌等取扱業務の前提となる土壌等を取り扱う業務には、

生活基盤の復旧等の作業での土工（準備工、掘削・運搬、盛土・締め固め、整地・整形、法面保護）及び基礎工、仮設工、道路工事、上下水道工事、用水・排水工事、ほ場整備工事における土工関連の作業が含まれるとともに、営農・営林等の作業での耕起、除草、土の掘り起こし等の土壌等を対象とした作業に加え、施肥（土中混和）、田植え、育苗、根菜類の収穫等の作業に付随して土壌等を取り扱う作業が含まれること。ただし、これら作業を短時間で終了する臨時の作業として行う場合はこの限りでないこと。

カ 第8項で規定する特定線量下業務

(ア) 第8項の特定線量下業務の適用の基準である平均空間線量率2.5マイクロシーベルト毎時は、放射線審議会の「ICRP1990年勧告（Pub.60）の国内制度等への取り入れについて（意見具申）」（平成10年6月）に基づき設定された電離則第3条の管理区域設定基準である、3月間につき1.3ミリシーベルト（1年間につき5ミリシーベルトを3月間に割り振ったもの）を、週40時間13週で除したものであること。

なお、平均空間線量率は、各作業場所におけるものであり、製造業等屋内作業については、屋内作業場所の平均空間線量率が2.5マイクロシーベルト毎時以下の場合は、屋外の平均空間線量が2.5マイクロシーベルト毎時を超えていても特定線量下業務には該当しないものとして取り扱うこと。

(イ) 高速で移動することにより2.5マイクロシーベルト毎時を超える場所に滞在する時間が限定される自動車運転作業及びそれに付帯する荷役作業等については、①荷の搬出又は搬入先（生活基盤の復旧作業に付随するものを除く。）が平均空間線量率2.5マイクロシーベルト毎時を超える場所にあり、当該場所に1月あたり40時間以上滞在することが見込まれる作業に従事する場合、又は② 2.5マイクロシーベルト毎時を超える場所における生活基盤の復旧作業に付随する荷（建設機械、建設資材、土壌、砂利等）の運搬の作業に従事する場合に限り、特定線量下業務に該当するものとして取り扱うこと。

また、平均空間線量率2.5マイクロシーベルト毎時を超える地域を単に通過する場合については、特定線量下業務には該当しないものとして取り扱うこと。

(ウ) 特定線量下業務は、事故由来放射性物質により2.5マイクロシーベルト毎時を超える場所における業務であることから、エックス線装置等の管理された放射線源により2.5マイクロシーベルト毎時を超えるおそれのある場所は、引き続き電離則第3条第1項の管理区域として取り扱うこと。

○除去土壌及び汚染廃棄物の放射能濃度を求める方法（基準告示第1条関係）

ア 第2条第7項第2号又は第3号における「厚生労働大臣が定める方法」については、基準告示第1条によること。

イ 基準告示第1条第3項による分析方法は、平均空間線量率が2.5マイクロシーベルト毎時以下の場所のうち、森林、農地等のように汚染土壌等が比較的均質な場合は、汚染土壌等の放射能濃度がその直上の空間線量率に比例することが明らかになっていることから、平均空間線量率から汚染土壌等の放射能濃度を簡易に算定する方法として定

めたものであり、その具体的な実施手順としては、除染等ガイドライン（略）の別紙6
－2（農地土壌）（略）又は6－3（森林土壌等）（略）で定めるものがあること。
　　ただし、特定汚染土壌等取扱業務であって、耕起されていない農地の地表近くの土壌
のみを取り扱う作業、森林の落葉層や地表近くの土壌のみを取り扱う作業又は生活圏
（建築物、工作物、道路等の周辺）での作業については、基準告示第1条第1項第2号
に基づく測定である、除染ガイドライン別紙6－1の簡易測定により、実際に作業で
取り扱う汚染土壌等の濃度によって判断する必要があること。

○平均空間線量率の計算方法（第2条第8項及び基準告示第2条関係）
ア　第2条第8項の平均空間線量率の算定方法は、基準告示第2条に定めるところによ
ること。
イ　基準告示第2条第1号ロは、特定汚染土壌等取扱作業又は特定線量下作業を行う場
合であって、汚染の状況が比較的均一であると見込まれる場合における平均空間線量率
の算定方法を定めたものであること。この場合、これら業務は、土壌等の除染等の業務
と異なり、作業場の区域の全域にわたって行われるとは限らず特定の場所で行われるた
め、作業場の区域のうち、実際に作業を行う場所において最も空間線量率が高いと見込
まれる3地点の空間線量率の測定結果により平均空間線量率を算定することとしてい
ること。
ウ　基準告示第2条第3号は、作業場内の空間線量率に著しい差が生じていると見込ま
れる場合における時間平均による平均空間線量率の算定方法を定めたものであり、算定
に当たっては以下の事項に留意すること。
　①　「作業場の特定の場所に事故由来放射性物質が集中している場合」には、住宅地等
における雨水が集まる場所及びその排出口、植物及びその根元、雨水・泥・土がたま
りやすい場所、微粒子が付着しやすい構造物等やその近傍等が含まれること。
　②　空間線量率が高いと見込まれる場所の地上1メートルの位置（特定測定点）を
1,000平方メートルごとに数点測定すること。
　③　最も被ばく線量が大きいと見込まれる代表的個人について算定すること。
　④　同一場所での作業が複数日にわたって行われる場合は、最も被ばく線量が大きい作
業を実施する日を想定して算定すること。

第2章　除染等業務における電離放射線障害の防止（略）

第3章　特定線量下業務における電離放射線障害の防止
第1節　線量の限度及び測定
（特定線量下業務従事者の被ばく限度）

第25条の2　事業者は、特定線量下業務従事者の受ける実効線量が5年間につき100ミリシーベルトを超えず、かつ、1年間につき50ミリシーベルトを超えないようにしなければならない。

②　事業者は、前項の規定にかかわらず、女性の特定線量下業務従事者（妊娠する可能性がないと診断されたもの及び次条に規定するものを除く。）の受ける実効線量については、3月間につき5ミリシーベルトを超えないようにしなければならない。

○特定線量下業務従事者の被ばく限度（第25条の2関係）

ア　第25条の2に定める被ばく限度は、第3条と同様に、電離則第4条に定める放射線業務従事者の被ばく限度と同じ被ばく限度を採用したものであること。また、特定線量下業務では、汚染土壌等を取り扱わないため、内部被ばくに係る限度は設定していないこと。

イ　第1項の「5年間」については、異なる複数の事業場において特定線量下業務に従事する労働者の被ばく線量管理を適切に行うため、全ての特定線量下業務を事業として行う事業場において統一的に平成24年1月1日を始期とし、「平成24年1月1日から平成28年12月31日まで」とすること。平成24年1月1日から平成28年12月31日までの間に新たに除染等業務を事業として実施する事業者についても同様とし、この場合、事業を開始した日から平成28年12月31日までの残り年数に20ミリシーベルトを乗じた値を、平成28年12月31日までの第1項の被ばく線量限度とみなして関係規定を適用すること。

ウ　第1項の「1年間」については、「5年間」の始期の日を始期とする1年間であり、「平成24年1月1日から平成24年12月31日まで」とすること。ただし、平成23年3月11日以降に受けた線量は、平成24年1月1日に受けた線量とみなして合算する必要があること。

　なお、特定線量下業務については、平成24年1月1日以降、平成24年6月30日までに受けた線量を把握している場合は、それを平成24年7月1日以降に被ばくした線量に合算して被ばく管理を行う必要があること。

エ　事業者は、「1年間」又は「5年間」の途中に新たに自らの事業場において特定線量下業務に従事することとなった労働者について、当該「5年間」の始期より当該特定線量下業務に従事するまでの被ばく線量を当該労働者が前の事業者から交付された線量の記録（労働者がこれを有していない場合は前の事業場から再交付を受けさせること。）

により確認すること。
　　なお、イ及びウに関わらず、放射線業務を主として行う事業者については、事業場で統一された別の始期により被ばく線量管理を行って差し支えないこと。
オ　実効線量が1年間に20ミリシーベルトを超える労働者を使用する事業者に対しては、作業環境、作業方法及び作業時間等の改善により当該労働者の被ばくの低減を図る必要があること。
カ　上記イ及びウの始期については、特定線量下業務従事者に周知させる必要があること。

○被ばく限度（第25条の2第2項関係）
ア　第2項については、妊娠に気付かない時期の胎児の被ばくを特殊な状況下での公衆の被ばくと同等程度以下となるようにするため、「3月間につき5ミリシーベルト」としたこと。なお、「3月間につき5ミリシーベルト」とは、「5年間につき100ミリシーベルト」を3月間に割り振ったものであること。
イ　「3月間」の最初の「3月間」の始期は第1項の「1年間」の始期と同じ日にすること。「1年間」の始期は「1月1日」であるので、「3月間」の始期は「1月1日、4月1日、7月1日及び10月1日」となること。
ウ　イの始期については、特定線量下業務従事者に周知させる必要があること。
エ　第2項の「妊娠する可能性がない」との医師の診断を受けた女性についての実効線量の限度は第1項によることとなるが、当該診断の確認については、当該診断を受けた女性の任意による診断書の提出によることとし、当該女性が当該診断書を事業者に提出する義務を負うものではないこと。

> **第25条の3**　事業者は、妊娠と診断された女性の特定線量下業務従事者の腹部表面に受ける等価線量が、妊娠中につき2ミリシーベルトを超えないようにしなければならない。

○被ばく限度（第25条の3関係）
　　妊娠と診断された女性については、胎児の被ばくを公衆の被ばくと同等程度以下になるようにするため、他の労働者より厳しい限度を適用することとしたこと。

(線量の測定)
第 25 条の 4　事業者は、特定線量下業務従事者が特定線量下作業により受ける外部被ばくによる線量を測定しなければならない。
② 前項の規定による外部被ばくによる線量の測定は、1センチメートル線量当量について行うものとする。
③ 第1項の規定による外部被ばくによる線量の測定は、男性又は妊娠する可能性がないと診断された女性にあっては胸部に、その他の女性にあっては腹部に放射線測定器を装着させて行わなければならない。
④ 特定線量下業務従事者は、除染特別地域等内における特定線量下作業を行う場所において、放射線測定器を装着しなければならない。

○線量の測定（第 25 条の 4 関係）
ア　第1項の「特定線量下作業により受ける外部被ばく」とは、特定線量下作業に従事する間（拘束時間）における外部被ばくであり、いわゆる生活時間における被ばくについては含まれないこと。
イ　第2項の「1センチメートル線量当量」は、セシウム 134 及びセシウム 137 による被ばくが1センチメートル線量当量による測定のみで足りることから定められたものであること。
ウ　第3項に規定する部位に放射線測定器を装着するのは、当該部位に受けた1センチメートル線量当量から、実効線量及び女性の腹部表面の等価線量を算定するためであること。

(線量の測定結果の確認、記録等)
第 25 条の 5　事業者は、1日における外部被ばくによる線量が1センチメートル線量当量について1ミリシーベルトを超えるおそれのある特定線量下業務従事者については、前条第1項の規定による外部被ばくによる線量の測定の結果を毎日確認しなければならない。
② 事業者は、前条第3項の規定による測定に基づき、次の各号に掲げる特定線量下業務従事者の線量を、遅滞なく、厚生労働大臣が定める方法により算定し、これを記録し、これを 30 年間保存しなければならない。ただし、当該記録を5年間保存した後又は当該特定線量下業務従事者に係る記録を当該特定線量下業務従事者が離職した後において、厚生労働大臣が指定する機関に引き渡すときは、この限りでない。
  1　男性又は妊娠する可能性がないと診断された女性の実効線量の3月ごと、1年ごと及び5年ごとの合計（5年間において、実効線量が1年間につき 20 ミリシーベルトを超えたことのない者にあっては、3月ごと及び1年ごとの合計）

> 2 女性（妊娠する可能性がないと診断されたものを除く。）の実効線量の1月ごと、3月ごと及び1年ごとの合計（1月間に受ける実効線量が1.7ミリシーベルトを超えるおそれのないものにあっては、3月ごと及び1年ごとの合計）
> 3 妊娠中の女性の腹部表面に受ける等価線量の1月ごと及び妊娠中の合計
> ③ 事業者は、前項の規定による記録に基づき、特定線量下業務従事者に同項各号に掲げる線量を、遅滞なく、知らせなければならない。

○線量の測定結果の確認、記録等（第25条の5関係）

ア 第1項は、1日における外部被ばくによる線量が1センチメートル線量当量について1ミリシーベルトを超えるおそれのある特定線量下業務従事者については、3月ごと又は1月ごとの線量の確認では、その間に第25条の2及び第25条の3に規定する被ばく限度を超えて被ばくするおそれがあることから、線量測定の結果を毎日確認しなければならないこととしたものであること。このような特定線量下業務従事者については、警報装置付き放射線測定器を装着させる等により、一定限度の被ばくを避けるよう配慮する必要があること。

イ 第2項は、放射線による確率的影響は晩発性であることに鑑みて、保存年限を30年間とするとともに、5年間経過後又は特定線量下業務従事者の離職後に、厚生労働大臣が指定する機関に記録を引き渡すことを可能としたこと。

　なお、同項における「厚生労働大臣が指定する機関」については、公益財団法人　放射線影響協会が指定されている。

ウ 第2項第1号において、3月ごとの合計を算定、記録し、同項第2号及び第3号において女性（妊娠する可能性がないと診断されたものを除く。）について1月ごとの合計を算定、記録するのは、それぞれの被ばく線量限度を適用する期間より短い期間で線量の算定、記録を行うことにより、当該被ばく線量限度を超えないように管理するものであること。

エ 第2項第1号において、5年間のうちどの1年間についても実効線量が20ミリシーベルトを超えない者については、当該5年間の合計線量の確認、記録を要しないこととしているが、5年間のうち1年間でも20ミリシーベルトを超えた者については、それ以降は、当該5年間の初めからの累積線量の確認、記録を併せて行うこと。

オ 第2項第1号の記録については、3月未満の期間を定めた労働契約又は派遣契約により労働者を使用する場合には、被ばく線量の算定を1月ごとに行い、記録すること。

第2節　特定線量下業務の実施に関する措置

（事前調査等）

第25条の6　事業者は、特定線量下業務を行うときは、当該業務の開始前及び開始後2週間ごとに、特定線量下作業を行う場所について、当該場所の平均空間線量率を調査し、その結果を記録しておかなければならない。

②　事業者は、労働者を特定線量下作業に従事させる場合には、当該作業の開始前及び開始後2週間ごとに、前項の調査が終了した年月日並びに調査の方法及び結果の概要を当該労働者に明示しなければならない。

○事前調査（第25条の6関係）

ア　第25条の6は、特定線量下業務においては、製造業等の屋内作業、測量等の屋外作業等、作業内容が多様であるため、作業場ごとに放射線源の所在が異なるとともに、作業場の形状や作業内容により労働者ごとに被ばくの状況が異なるため、特定線量下業務を行うときに、作業場所について、当該作業の開始前及び同一の場所で継続して作業を行っている間2週間につき一度、作業場所における平均空間線量率を調査し、その結果を記録することを義務付けたものであること。

イ　第25条の6の事前調査は、作業場所が2.5マイクロシーベルト毎時を超えて被ばく線量管理が必要か否かを判断するために行われるものであるため、文部科学省が公表している航空機モニタリング等の結果を踏まえ、事業者が、作業場所が明らかに2.5マイクロシーベルト毎時を超えていると判断する場合、作業場所に係る航空機モニタリング等の結果をもって平均空間線量率の測定に代えることができるとともに、作業場所における平均空間線量率が2.5マイクロシーベルト毎時を明らかに下回り、特定線量下業務に該当しないことを明確に判断できる場合にまで、作業前の測定を義務付ける趣旨ではないこと。

ウ　継続して作業を行っている間2週間につき一度行う測定については、測定結果が2.5マイクロシーベルト毎時を下回った場合は、天候等による測定値の変動に備え、測定値が2.5マイクロシーベルト毎時のおよそ9割を下回るまでの間、測定を継続する必要があること。ただし、台風や洪水、地滑り等、周辺環境に大きな変化があった場合は、測定を実施する必要があること。

エ　第2項の事前調査の結果等の労働者への明示については、書面により行うこと。

> (診察等)
> **第25条の7** 事業者は、次の各号のいずれかに該当する特定線量下業務従事者に、速やかに、医師の診察又は処置を受けさせなければならない。
> 1 第25条の2第1項に規定する限度を超えて実効線量を受けた者
> 2 事故由来放射性物質を誤って吸入摂取し、又は経口摂取した者
> 3 洗身等により汚染を40ベクレル毎平方センチメートル以下にすることができない者
> 4 傷創部が汚染された者
> ② 事業者は、前項各号のいずれかに該当する特定線量下業務従事者があるときは、速やかに、その旨を所轄労働基準監督署長に報告しなければならない。

○診察等（第25条の7関係）
ア 第25条の7は、特定線量下業務従事者に放射線による障害が生ずるおそれがある場合に、医師の診察又は処置を受けさせることを義務付けたものであること。
イ 第1項第2号の「誤って吸入摂取し、又は経口摂取した者」とは、事故等で大量の土砂等に埋まったこと等により、大量の土砂や汚染水が口に入った者等、一定程度の内部被ばくが見込まれる者に限るものであること。

> **第3節　特別の教育**
> （特定線量下業務に係る特別の教育）
> **第25条の8** 事業者は、特定線量下業務に労働者を就かせるときは、当該労働者に対し、次の各号に掲げる科目について、特別の教育を行わなければならない。
> 1 電離放射線の生体に与える影響及び被ばく線量の管理の方法に関する知識
> 2 放射線測定の方法等に関する知識
> 3 関係法令
> ② 労働安全衛生規則第37条及び第38条並びに前項に定めるほか、同項の特別の教育の実施について必要な事項は、厚生労働大臣が定める。

○特別の教育（第25条の8関係）
ア 第25条の8は、特定線量下業務に従事する者に対し、除染電離則で定める措置を適切に実施するために必要とされる知識について特別の教育を実施することを義務付けたものであること。
イ 第25条の8第2項の厚生労働大臣が定める事項については、特別教育規程によること。
ウ 第1項第1号から第3号のいずれもが学科教育であり、その範囲及び時間については、特別教育規程第5条によること。

エ　第1項第1号から第3号までの学科教育の科目については、標準的なテキストを示す予定であること。

> **第4節　被ばく歴の調査**
> **第25条の9**　事業者は、特定線量下業務従事者に対し、雇入れ又は特定線量下業務に配置換えの際、被ばく歴の有無（被ばく歴を有する者については、作業の場所、内容及び期間その他放射線による被ばくに関する事項）の調査を行い、これを記録し、これを30年間保存しなければならない。ただし、当該記録を5年間保存した後又は当該特定線量下業務従事者に係る記録を当該特定線量下業務従事者が離職した後において、厚生労働大臣が指定する機関に引き渡すときは、この限りでない。

○被ばく歴の調査（第25条の9関係）
　第25条の9による被ばく歴の調査は、事業者が、特定線量下業務従事者の過去の被ばく歴を把握するために義務付けたものであること。

> **第4章　雑則**
> （放射線測定器の備え付け）
> **第26条**　事業者は、この省令で規定する義務を遂行するために必要な放射線測定器を備えなければならない。ただし、必要の都度容易に放射線測定器を利用できるように措置を講じたときは、この限りでない。

○放射線測定器の備付け（第26条関係）
　第26条ただし書の「必要の都度容易に放射線測定器を利用できるように措置を講じたとき」には、その事業場に地理的に近い所に備え付けられている放射線測定器を必要の都度使用し得るように契約を行ったとき等があること。

> （記録等の引渡し等）
> **第27条**　第6条第2項、第25条の5第2項又は第25条の9の記録を作成し、保存する事業者は、事業を廃止しようとするときは、当該記録を厚生労働大臣が指定する機関に引き渡すものとする。
> ②　第6条第2項、第25条の5第2項又は第25条の9の記録を作成し、保存する事業者は、除染等業務従事者又は特定線量下業務従事者が離職するとき又は事業を廃止しようとするときは、当該除染等業務従事者又は当該特定線量下業務従事者に対し、当該記録の写しを交付しなければならない。

○記録の引渡し等（第27条及び第28条関係）
　有期労働契約又は派遣契約を締結した除染等業務従事者については、第6条に定める事項のほか、当該契約期間の満了日までの当該者の線量の記録を作成し、当該者が離職するときに、当該者に当該記録の写しを交付すること。

第28条 （略）

（調整）
第29条　除染等業務従事者又は特定線量下業務従事者のうち電離則第4条第1項の放射線業務従事者若しくは同項の放射線業務従事者であった者、電離則第7条第1項の緊急作業に従事する放射線業務従事者及び同条第3項（電離則第62条の規定において準用する場合を含む。）の緊急作業に従事する労働者（以下この項においてこれらの者を「緊急作業従事者」という。）若しくは緊急作業従事者であった者又は電離則第8条第1項（電離則第62条の規定において準用する場合を含む。）の管理区域に一時的に立ち入る労働者（以下この項において「一時立入労働者」という。）若しくは一時立入労働者であった者が放射線業務従事者、緊急作業従事者又は一時立入労働者として電離則第2条第3項の放射線業務に従事する際、電離則第7条第1項の緊急作業に従事する際又は電離則第3条第1項に規定する管理区域に一時的に立ち入る際に受ける又は受けた線量については、除染特別地域等内における除染等作業又は特定線量下作業により受ける線量とみなす。
② 　除染等業務従事者のうち特定線量下業務従事者又は特定線量下業務従事者であった者が特定線量下業務従事者として特定線量下業務に従事する際に受ける又は受けた線量については、除染特別地域等内における除染等作業により受ける線量とみなす。
③ 　特定線量下業務従事者のうち除染等業務従事者又は除染等業務従事者であった者が除染等業務従事者として除染等業務に従事する際に受ける又は受けた線量については、除染特別地域等内における特定線量下作業により受ける線量とみなす。

○調整（第29条関係）
ア　第1項の規定は、電離則第2条第3項の放射線業務により受けた線量は、除染等業務又は特定線量下業務における線量とみなし、除染等作業による被ばくと合算して、第3条及び第4条並びに第25条の2及び第25条の3の被ばく限度を超えないようにすることを義務付けたものであること。また、除染電離則の施行前に行われた除染等作業により労働者が受けた線量についても、合算する必要があること。
イ　第2項及び第3項の規定は、特定線量下業務により受けた線量は除染等業務における線量とみなし、除染等業務により受けた線量は特定線量下業務における線量とみなし

て、それぞれ第3条及び第4条並びに第25条の2及び第25条の3の被ばく限度を超えないようにすることを義務付けたものであること。

附　則

（施行期日）

第1条　この省令は、平成24年7月1日から施行する。

（労働安全衛生規則の一部改正）

第2条　労働安全衛生規制（昭和47年労働省令第32号）の一部を次のように改正する。

　　第36条第38号中「第2条第8項の除染等業務」を「第2条第7項の除染等業務及び同条第8項の特定線量下業務」に改める。

（電離放射線障害防止規則の一部改正）

第3条　電離放射線障害規則（昭和47年労働省令第41号）の一部を次のように改正する。

　　第2条第3項中「第61条の3」を「第59条の2第1項第2号及び第61条の3」に、「第2条第5項に規定する土壌等の除染等の業務及び同条第7項に規定する廃棄物収集等業務」を「第2条第7項第1号に規定する土壌等の除染等の業務、同項第2号に規定する廃棄物収集等業務、同項第3号に規定する特定汚染土壌等取扱業務及び同条第8項に規定する特定線量下業務」に改める。

　　第59条の2第1項第2号中「様式第1号」の下に「又は除染則第21条に規定する除染等電離放射線健康診断個人票（様式第2号）」を加える。

　　第61条の3を次のように改める。

　（調整）

第61条の3　放射線業務従事者のうち除染則第2条第3項の除染等業務従事者若しくは同項の除染等業務従事者であつた者又は同条第4項の特定線量下業務従事者若しくは同項の特定線量下業務従事者であつた者が除染等業務従事者又は特定線量下業務従事者として同条第9項に規定する除染等作業又は同条第10項に規定する特定線量下作業により受ける又は受けた線量については、放射線業務に従事する際に受ける線量とみなす。

○電離放射線障害防止規則の一部改正

ア　改正附則第3条による電離則第2条第3項の改正により、電離則第2条第3項でいう「放射線業務」（電離則第59条の2に係るものを除く。）から、除染電離則第2条第7項第1号で規定する「土壌等の除染等の業務」、同項第2号に規定する「廃棄物収集等業務」、同項第3号に規定する「特定汚染土壌等取扱業務」及び同条第8項に規定する「特定線量下業務」が除かれているため、これら除染電離則が適用になる業務については、電離則（第59条の2を除く。）の適用はないこと。

イ 改正附則第3条による電離則第59条の2第1項第2号の改正により、指定緊急作業従事者等が除染等業務に従事した場合において、電離則第59条の2第1項の規定により厚生労働大臣に提出することが義務付けられている健康診断結果の様式に、除染電離則様式第2号を追加したこと。

ウ 改正附則第3条による電離則第61条の3（調整）の改正は、特定線量下作業により受けた線量又は除染等作業により受けた線量を放射線業務に従事する際に受けた線量とみなして、放射線業務従事者の被ばく限度を超えないようにすることを義務付けたものであること。

第3章 関係法令

(3) 東日本大震災により生じた放射性物質により汚染された土壌等を除染するための業務等に係る電離放射線障害防止規則第2条第7項等の規定に基づく厚生労働大臣が定める方法、基準及び区分（告示）（基準告示）

（平成23年厚生労働省告示第468号　改正：平成24年厚生労働省告示第39号）

（除去土壌等の放射能濃度を求める方法）
第1条　（略）

（平均空間線量率の計算方法）
第2条　除染則第2条第8項の厚生労働大臣が定める方法は、次の各号に定めるところにより算定するものとする。

1　測定点は、次のいずれかの位置とすること。
　イ　除染等作業（除染則第7条第1項に規定する特定汚染土壌等取扱作業を除く。）を行う作業場の区域（当該作業場の面が1,000平方メートルを超える場合にあっては、当該作業場を1,000平方メートル以下の区域に区分したそれぞれの区域をいう。）の形状が次の表の上欄（編注：左欄）に掲げる場合に応じ、それぞれ同表の下欄（編注：右欄）の位置

1	正方形又は長方形の場合	正方形又は長方形の頂点及び当該正方形又は長方形の2つの対角線の交点の地上1メートルの位置
2	1以外の場合	区域の外周をほぼ4等分した点及びこれらの点により構成される四角形の2つの対角線の交点の地上1メートルの位置

　ロ　除染等作業（特定汚染土壌等取扱作業に限る。）又は特定線量下作業を行う作業場の区域のうち、最も空間線量率が高いと見込まれる3地点の地上1メートルの位置。

2　除染則第2条8項に規定する平均空間線量率は、第1号又は前号の全ての測定点において測定した空間線量率を平均したものとすること。

3　作業場の特定の場所に事故由来放射性物質が集中している場合その他の作業場における空間線量率に著しい差が生じていると見込まれる場合にあっては、前号の規定にかかわらず、除染則第2第8項に規定する平均空間線量率は、次の式により計算することにより算定すること。

$$R = \frac{(\sum_{i=1}^{n}(B^i \times WH^i) + A \times (WH - \sum_{i=1}^{n}(WH^i)))}{WH}$$

この式において、R、n、A、B^i、WH^i及びWHは、それぞれ次の値を表すものとする。
R　平均空間線量率（単位　マイクロシーベルト毎時）

n	空間線量率が高いと見込まれる場所の付近の地上1メートルの位置（以下「特定測定点」という。）の数
A	第2号の規定により算定された平均空間線量率（単位　マイクロシーベルト毎時）
B_i	各特定測定点における空間線量率の値とし、当該値を代入してRを計算するもの（単位　マイクロシーベルト毎時）
WH_i	各特定測定点の付近において除染等業務を行う除染等業務従事者のうち最も被ばく線量が多いと見込まれる者の当該場所における1日の労働時間（単位　時間）
WH	当該除染等業務従事者の1日の労働時間（単位　時間）

4　空間線量率の測定に用いる測定機器については、作業環境測定基準第8条の表の下欄に掲げる測定機器を使用すること。

（内部被ばくに係る検査の方法）
第3条　（略）

（内部被ばくによる線量の測定の基準）
第4条　（略）

（外部被ばくによる線量の測定方法）
第5条　除染則第5条第6項の厚生労働大臣が定める方法は、次の各号のいずれかとする。
1　同一の作業場における除染等業務従事者（平均空間線量率が2.5マイクロシーベルト毎時以下の場所においてのみ除染則第2条第7項第3号に規定する特定汚染土壌等取扱業務に従事する者を除く。次号において同じ。）のうち、当該作業場における除染等作業により受ける外部被ばくによる線量の合計が平均的な数値であると見込まれる者について除染則第5条第1項の規定により外部被ばくによる線量の測定を行い、当該測定の結果を、当該作業場における全ての除染等業務従事者の外部被ばくによる線量とみなす方法
2　第2条に規定する方法により算定された平均空間線量率に除染等業務従事者ごとの1日の労働時間を乗じて得られた値を当該者の外部被ばくによる線量とみなす方法

（内部被ばくによる線量の計算方法）
第6条　（略）

（除染等業務に係る線量の算定方法）
第7条　（略）

(作業内容の区分)
第8条 （略）

(特定線量下業務に係る線量の算定方法)
第9条 除染則第25条の5第2項の厚生労働大臣が定める方法は、次の各号の定めるところにより算定するものとする。
1 実効線量の算定は、外部被ばくによる1センチメートル線量当量によって行うこと。ただし、除染則第25条の4第3項の規定により、同項に掲げる部位に放射線測定器を装着させて行う測定を行った場合にあっては、当該部位における1センチメートル線量当量を用いて適切な方法により計算した値を実効線量とすること。
2 等価線量の算定は、腹部における1センチメートル線量当量によって行うこと。

(4) 除染等業務特別教育及び特定線量下業務特別教育規程（告示）

(平成23年厚生労働省告示第469号　改正：平成23年厚生労働省告示第469号)

第1条～第3条（略）

(特定線量下業務に係る特別の教育の実施)
第4条　除染則第25条の8第1項の規定による特別の教育は、学科教育により行うものとする。

(特定線量下業務に係る学科教育)
第5条　前条の学科教育は、次の表の上欄（編注：左欄）に掲げる科目に応じ、それぞれ、同表の中欄に定める範囲について同表の下欄（編注：右欄）に定める時間以上行うものとする。

科　目	範　囲	時間
電離放射線の生体に与える影響及び被ばく線量の管理の方法に関する知識	電離放射線の種類及び性質　電離放射線が生体の細胞、組織、器官及び全身に与える影響　被ばく限度及び被ばく線量測定の方法　被ばく線量測定の結果の確認及び記録等の方法	1時間
放射線測定の方法等に関する知識	放射線測定の方法　外部放射線による線量当量率の監視の方法　異常な事態が発生した場合における応急の措置の方法	30分
関係法令	労働安全衛生法、労働安全衛生法施行令、労働安全衛生規則及び除染則中の関係条項	1時間

(5) 特定線量下業務に従事する労働者の放射線障害防止のためのガイドライン

(平成24年6月15日付け基発0615第6号)

第1　趣旨

　平成23年3月11日に発生した東日本大震災に伴う東京電力福島第一原子力発電所の事故により放出された放射性物質に汚染された土壌等の除染等の業務又は廃棄物収集等業務に従事する労働者の放射線障害防止については、「東日本大震災により生じた放射性物質により汚染された土壌等を除染するための業務等に係る電離放射線障害防止規則」（平成23年厚生労働省令第152号。以下「除染電離則」という。）を平成23年12月22日に公布し、平成24年1月1日より施行するとともに、「除染等業務に従事する労働者の放射線障害防止のためのガイドライン」（平成23年12月22日付け基発第1222第6号。以下「除染等業務ガイドライン」という。）を定めたところである。
　今般、避難区域の線引きの変更に伴い、「平成23年3月11日に発生した東北地方太平洋沖地震に伴う原子力発電所の事故により放出された放射性物質による環境の汚染への対処に関する特別措置法」（平成23年法律第110号。以下「汚染対処特措法」という。）第25条第1項に規定する除染特別地域又は同法第32条第1項に規定する汚染状況重点調査地域（以下「除染特別地域等」という。）において、生活基盤の復旧、製造業等の事業、病院・福祉施設等の事業、営農・営林、廃棄物の中間処理、保守修繕、運送業務等が順次開始される見込みとなっており、これら業務に従事する労働者の放射線障害防止対策が必要となっている。
　この点に関し、改正前の除染電離則の適用を受ける事業者は、除染特別地域等において、「土壌等の除染等の業務又は廃棄物収集等業務を行う事業の事業者」と定められており、それ以外の復旧・復興作業を行う事業者は、除染電離則の適用がなかったため、これら復旧・復興作業の作業形態に応じ、適切に労働者の放射線による健康障害を防止するための措置を規定するため、除染電離則の一部を改正し、平成24年7月1日より施行することとしている。
　このガイドラインは、改正除染電離則と相まって、復旧・復興作業における放射線障害防止のより一層的確な推進を図るため、改正除染電離則に規定された事項のほか、事業者が実施する事項及び従来の労働安全衛生法（昭和47年法律第57号）及び関係法令において規定されている事項のうち、重要なものを一体的に示すことを目的とするものである。
　なお、このガイドラインは、労働者の放射線障害防止を目的とするものであるが、同時に、自営業、個人事業者、ボランティア等に対しても活用できることを意図している。
　事業者は、本ガイドラインに記載された事項を的確に実施することに加え、より現場の実態に即した放射線障害防止対策を講ずるよう努めるものとする。

第2　適用等

　このガイドラインは、汚染対処特措法に規定する除染特別地域等において、原発事故により放出さ

れた放射性物質（電離放射線障害防止規則（昭和47年労働省令第41号。以下「電離則」という。）第２条第２項の放射性物質に限る。以下「事故由来放射性物質」という。）により平均空間線量率が2.5μSv/hを超える場所で行う除染等業務以外の業務（以下「特定線量下業務」という。）を行う事業の事業者（以下「特定線量事業者」という。）を対象とすること。適用に当たっては、次に掲げる事項に留意すること。

なお、東電福島第一原発の周辺海域での潜水作業等はこのガイドラインの対象とはしないが、潜水作業等を行う事業者は、潜水作業等の従事者に対し、外部被ばく線量の測定及びその結果の記録等の措置を実施すること。

(1) 「除染等業務」とは、土壌等の除染等の業務、廃棄物収集等業務又は特定汚染土壌等取扱業務をいうこと。除染等業務を行う場合は、除染電離則の関係規定及び除染等業務ガイドラインが適用されること。

(2) 「特定線量下業務」についての留意事項

　ア　製造業等屋内作業については、屋内作業場所の平均空間線量率が 2.5μSv/h 以下の場合は、屋外の平均空間線量が 2.5μSv/h を超えていても特定線量下業務には該当しないこと。

　イ　自動車運転作業及びそれに付帯する荷役作業等については、①荷の搬出又は搬入先（生活基盤の復旧作業に付随するものを除く。）が平均空間線量率 2.5μSv/h を超える場所にあり、2.5μSv/h を超える場所に 1 月あたり 40 時間以上滞在することが見込まれる作業に従事する場合、又は② 2.5μSv/h を超える場所における生活基盤の復旧作業に付随する荷（建設機械、建設資材、土壌、砂利等）の運搬の作業に従事する場合に限り、特定線量下業務に該当するものとすること。

　　なお、平均空間線量率 2.5μSv/h を超える地域を単に通過する場合については、滞在時間が限られることから、特定線量下業務には該当しないこと。

　ウ　エックス線装置等の管理された放射線源により 2.5μSv/h を超えるおそれのある場所については、「特定線量下業務」が事故由来放射性物質により 2.5μSv/h を超える場所における業務に限られることから、引き続き電離則第 3 条第 1 項の管理区域として取り扱うこと。

第3　被ばく線量管理の対象及び方法

1　基本原則

(1) 特定線量事業者は、特定線量下業務に従事する労働者（以下「特定線量下業務従事者」という。）又はその他の労働者が電離放射線を受けることをできるだけ少なくするように努めること。

(2) 特定線量下業務を実施する際には、特定線量下業務従事者の被ばく低減を優先し、あらかじめ、作業場所における除染等の措置が実施されるように努めること。

　ア　(1)は、国際放射線防護委員会(ICRP)の最適化の原則に基づき、事業者は、作業を実施する際、被ばくを合理的に達成できる限り低く保つべきであることを述べたものであること。

　イ　(2)については、ICRPで定める正当化の原則(以下「正当化原則」という。)から、一定以上の被ばくが見込まれる作業については、被ばくによるデメリットを上回る公益性や必要性が求めら

れることに基づき、特定線量業務従事者の被ばく低減を優先して、作業を実施する前にあらかじめ、除染等の措置を実施するよう努力する必要があること。
ウ　正当化原則に照らし、製造業、商業等の事業を行う事業者は、労働時間が長いことに伴って被ばく線量が高くなる傾向があること、必ずしも緊急性が高いとはいえないことも踏まえ、あらかじめ、作業場所周辺の除染等の措置を実施し、可能な限り線量低減を図った上で、原則として、被ばく線量管理を行う必要がない空間線量率（2.5μSv/h以下）のもとで作業に就かせることが求められること。

　　　なお、原子力災害対策本部が製造業等の再開を管理する平均空間線量率が 3.8μSv/h以下の地域では、屋内の空間線量率は建物の遮へい効果によりその約4割の約 1.5μSv/h 以下であると想定されることから、作業開始前に除染等の措置を適切に実施すれば、製造業等の屋内作業が特定線量下業務に該当することはないと見込まれること。

2　線量の測定

（1）　特定線量事業者は、作業場所の平均空間線量率が 2.5μSv/h を超える場所において労働者を特定線量下業務に就かせる場合は、個人線量計により外部被ばく線量を測定すること。
（2）　自営業者、個人事業者については、被ばく線量管理等を実施することが困難であることから、あらかじめ除染等の措置を適切に実施する等により、特定線量下業務に該当する作業に就かないことが望ましいこと。
　　ア　やむをえず、特定線量下業務を行う個人事業主、自営業者については、特定線量下業務を行う事業者とみなして、このガイドラインを適用すること。
　　イ　ボランティアについては、作業による実効線量が 1mSv/年を超えることのないよう、作業場所の平均空間線量率が 2.5μSv/h（週40時間、52週換算で、5mSv/年相当）以下の場所であって、かつ、年間数十回（日）の範囲内で作業を行わせること。

3　被ばく線量限度

（1）　特定線量事業者は、2の(1)で測定された労働者の受ける実効線量の合計が、次のアからウまでに掲げる限度を超えないようにすること。
　　ア　男性及び妊娠する可能性がないと診断された女性は、5年間につき 100mSv、かつ、1年間に 50mSv
　　イ　女性（妊娠する可能性がないと診断されたものおよびウのものを除く。）は、3月間につき 5 mSv
　　ウ　妊娠と診断された女性は、妊娠中に腹部表面に受ける等価線量が 2mSv
（2）　特定線量事業者は、電離則第3条で定める管理区域内において放射線業務に従事した労働者、除染等業務に従事した労働者を特定線量下業務に就かせるときは、当該労働者が放射線業務又は除染等業務で受けた実効線量と2の(1)により測定された実効線量の合計が(1)の限度を超えないようにすること。
（3）　特定線量事業者は、(1)及び(2)に規定する被ばく線量管理を行うため、特定線量下業務従事者に対し、雇い入れ又は特定線量下業務への配置換えの際、被ばく歴の有無（被ばく歴を有する者に

については、作業の場所、内容及び期間その他放射線による被ばくに関する事項)を当該労働者が前の事業者から交付された線量の記録(労働者がこれを有していない場合は前の事業場から再交付を受けさせること。)により調査すること。

(4) (1)のアの「5年間」については、異なる複数の事業場において特定線量下業務に従事する労働者の被ばく線量管理を適切に行うため、全ての特定線量下業務を事業として行う事業場において統一的に平成24年1月1日を始期とし、「平成24年1月1日から平成28年12月31日まで」とすること。平成24年1月1日から平成28年12月31日までの間に新たに特定線量下業務を事業として実施する事業者についても同様とし、この場合、事業を開始した日から平成28年12月31日までの残り年数に20mSvを乗じた値を、平成28年12月31日までの被ばく線量限度とみなして関係規定を適用すること。

(5) (1)のアの「1年間」については、「5年間」の始期の日を始期とする1年間であり、「平成24年1月1日から平成24年12月31日まで」とすること。なお、平成24年1月1日以降、平成24年6月30日までに受けた線量を把握している場合は、それを平成24年7月1日以降に被ばくした線量に合算して被ばく管理すること。

(6) 特定線量事業者は、「1年間」又は「5年間」の途中に新たに自らの事業場において特定線量下業務に従事することとなった労働者について、特定線量下業務の開始前に、当該「1年間」又は「5年間」の始期より当該特定線量下業務に従事するまでの被ばく線量を当該労働者が前の事業者から交付された線量の記録(労働者がこれを有していない場合は前の事業場から再交付を受けさせること。)により確認すること。

(7) (3)及び(4)の規定に関わらず、放射線業務を主として行う事業者については、事業場で統一された別の始期により被ばく線量管理を行っても差し支えないこと。

(8) 特定線量事業者は、(4)及び(5)の始期を特定線量下業務従事者に周知させること。

4 線量の測定結果の記録等

(1) 特定線量事業者は、2の測定又は計算の結果に基づき、次に掲げる特定線量下業務従事者の被ばく線量を算定し、これを記録し、これを30年間保存すること。また、3の(3)の調査の結果についても同様とすること。ただし、5年間保存した後に当該記録を、又は当該特定線量下業務従事者が離職した後に当該特定線量下業務従事者に係る記録を、厚生労働大臣が指定する機関(公益財団法人 放射線影響協会)に引き渡すときはこの限りではないこと。この場合、記録の様式の例として、様式1があること。

なお、特定線量下業務従事者のうち電離則第4条第1項の放射線業務従事者であった者、除染特別地域等において除染等業務に従事する労働者であった者については、当該従事者が放射線業務又は除染等業務に従事する際に受けた線量を特定線量下業務で受ける線量に合算して記録し、保存すること。

ア 男性又は妊娠する可能性がないと診断された女性の実効線量の3月ごと、1年ごと、及び5年ごとの合計(5年間において、実効線量が1年間につき20mSvを超えたことのない者にあっては、3月ごと及び1年ごとの合計)

イ 医学的に妊娠可能な女性の実効線量の1月ごと、3月ごと及び1年ごとの合計(1月間受ける

実効線量が1.7mSvを超えるおそれのないものにあっては、3月ごと及び1年ごとの合計）
　　ウ　妊娠中の女性の内部被ばくによる実効線量及び腹部表面に受ける等価線量の1月ごと及び妊娠中の合計
（2）　特定線量事業者は、(1)の記録を、遅滞なく特定線量下業務従事者に通知すること。
（3）　特定線量事業者は、その事業を廃止しようとするときには、(1)の記録を厚生労働大臣が指定する機関に引き渡すこと。
（4）　特定線量事業者は、特定線量下業務従事者が離職するとき又は事業を廃止しようとするときには、(1)の記録の写しを特定線量下業務従事者に交付すること。
（5）　特定線量事業者は、有期契約労働者又は派遣労働者を使用する場合、被ばく線量線管理を適切に行うため、以下の事項に留意すること。
　　ア　3月未満の期間を定めた労働契約又は派遣契約による労働者を使用する場合には、被ばく線量の算定は、1月ごとに行い、記録すること。
　　イ　契約期間の満了時には、当該契約期間中に受けた実効線量を合計して被ばく線量を算定して記録し、その記録の写しを当該特定線量下業務従事者に交付すること。

第4　被ばく低減のための措置

1　事前調査等
（1）　特定線量事業者は、特定線量下業務を行うときに、作業場所について、当該作業の開始前及び同一の場所で継続して作業を行っている間2週間につき一度、作業場所における平均空間線量率（μSv/h）を調査し、その結果を記録すること。
　　ただし、測定結果が、平均空間線量率2.5μSv/hを安定的に下回った場合は、それ以降の測定を行う必要はないこと。
（2）　平均空間線量率の測定・評価の方法は別紙2によること。なお、事前調査は、作業場所が2.5μSv/hを超えて被ばく線量管理が必要か否かを判断するために行われるものであるため、文部科学省が公表している航空機モニタリング等の結果を踏まえ、事業者が、作業場所が2.5μSv/hを超えていると判断する場合は、個別の作業場所での航空機モニタリング等の結果をもって平均空間線量率の測定に代えることができるものであるとともに、作業の対象となる場所での平均空間線量率が2.5μSv/hを明らかに下回り、特定線量下業務に該当しないことを明確に判断できる場合にまで、測定を求める趣旨ではないこと。
（3）　特定線量事業者は、あらかじめ、(1)又は(2)の調査が終了した年月日、調査方法及びその結果の概要を特定線量下業務従事者に書面の交付等により明示すること。

2　医師による診察等
（1）　特定線量事業者は、特定線量下業務従事者が次のいずれかに該当する場合、速やかに医師の診察又は処置を受けさせること。
　　ア　被ばく線量限度を超えて実効線量を受けた場合

イ　事故由来放射性物質を誤って吸入摂取し、又は経口摂取した場合
　　ウ　事故由来放射性物質により汚染された後、洗身等によっても汚染を 40Bq/cm²以下にすることができない場合
　　エ　創傷部が事故由来放射性物質により汚染された場合
　(2)　(1)イについては、事故等で大量の土砂等に埋まった場合で鼻スミアテスト等を実施してその基準を超えた場合、大量の土砂や汚染水が口に入った場合等、一定程度の内部被ばくが見込まれるものに限るものであること。

第5　労働者教育

1　特定線量下業務従事者に対する特別の教育
　(1)　特定線量事業者は、特定線量下業務に労働者を就かせるときは、当該労働者に対し、次の科目について、学科による特別の教育を行う。
　　ア　電離放射線の生体に与える影響及び被ばく線量の管理の方法に関する知識
　　イ　放射線測定の方法等に関する知識
　　ウ　関係法令
　(2)　その他、特別教育の実施の詳細については、別紙3によること。

2　その他必要な者に対する教育等
　(1)　自営業者、個人事業者等、雇用されていない者に対しても同様の教育を行うことが望ましいこと。
　(2)　特定線量下業務の発注者は、教育を受けた労働者を、作業開始までに業務の遂行上必要な人数を確保できる体制が整っていることを確認した上で発注を行うことが望ましいこと。

第6　健康管理のための措置

1　健康診断
　(1)　特定線量事業者(派遣労働者に対する健康診断にあっては、派遣元事業者。以下同じ。)は、常時使用する特定線量下業務従事者に対し、雇入れ時及びその後1年以内ごとに1回、定期に、次の項目について医師による健康診断を行うこと。
　　ア　既往歴及び業務歴の調査
　　イ　自覚症状及び他覚症状の有無の検査
　　ウ　身長、体重、腹囲、視力及び聴力の検査
　　エ　胸部エックス線検査及び喀痰検査
　　オ　血圧の測定
　　カ　貧血検査

キ　肝機能検査
ク　血中脂質検査
ケ　血糖検査
コ　尿検査
サ　心電図検査
(2)　(1)の健康診断(定期のものに限る)は、前回の健康診断においてカからケ及びサに掲げる項目については健康診断を受けた者については、医師が必要でないと認めるときは、当該項目の全部又は一部を省略することができること。また、ウ及びエについても、厚生労働大臣が定める基準に基づき、医師が必要ないと認めるときは省略することができること。
(3)　特定線量事業者は、(1)の健康診断の結果に基づき、個人票を作成し、これを5年間保存すること。

2　健康診断の結果についての事後措置等
(1)　特定線量事業者は、1の健康診断の結果に基づく医師からの意見聴取を、次に定めるところにより行うこと。
ア　健康診断が行われた日から3月以内に行うこと
イ　聴取した医師の意見を個人票に記載すること。
(2)　特定線量事業者は、1の健康診断を受けた特定線量下業務従事者に対し、遅滞なく、健康診断の結果を通知すること。
(3)　特定線量事業者は、1の健康診断の結果、放射線による障害が生じており、若しくはその疑いがあり、又は放射線による障害が生ずるおそれがあると認められる者については、その障害、疑い又はおそれがなくなるまで、就業する場所又は業務の転換、被ばく時間の短縮、作業方法の変更等健康の保持に必要な措置を講ずること。

第7　安全衛生管理体制等

1　元方事業者による被ばく状況の一元管理
特定線量下業務を行う元方事業者は、放射線管理者を選任し、関係請負人の労働者の被ばく管理も含めた一元管理を実施させること。なお、放射線管理者は、放射線関係の国家資格保持者又は専門教育機関等による放射線管理に関する講習等の受講者から選任することが望ましいこと。
また、関係請負人による第7の3に定める措置が適切に実施されるよう、必要な指導・援助を実施すること。

2　事業者における安全衛生管理体制
(1)　特定線量事業者は、事業場の規模に応じ、衛生管理者又は安全衛生推進者を選任し、線量の測定及び結果の記録等の業務の措置に関する技術的事項を管理させること。
なお、労働者数が10人未満の事業場にあっても、安全衛生推進者の選任が望ましいこと。

(2) 特定線量事業者は、事業場の規模に関わらず、放射線管理担当者を選任し、線量の測定及び結果の記録等の業務に関する業務を行わせること。

3 東電福島第一原発緊急作業従事者対する健康保持増進の措置等

除染等事業者は、東京電力福島第一原子力発電所における緊急作業に従事した労働者を特定線量下業務に就かせる場合は、次に掲げる事項を実施すること。
(1) 電離則第59条の2に基づき、3月ごとの月の末日に、「指定緊急作業従事者等に係る線量等管理実施状況報告書」(電離則様式第3号)を厚生労働大臣(厚生労働省労働衛生課あて)に提出すること。
(2) 「東京電力福島第一原子力発電所における緊急作業従事者等の健康の保持増進のための指針」(平成23年東京電力福島第一原子力発電所における緊急作業従事者等の健康の保持増進のための指針公示第5号)に基づき、保健指導等を実施するとともに、緊急作業従事期間中に50mSvを超える被ばくをした者に対して、必要な検査等を実施すること。

別紙1 除染特別地域等の一覧

1 除染特別地域

・指定対象

　警戒区域又は計画的避難区域の対象区域等

	市町村数	指定地域
福島県	11	楢葉町、富岡町、大熊町、双葉町、浪江町、葛尾村及び飯舘村の全域並びに田村市、南相馬市、川俣町及び川内村の区域のうち警戒区域又は計画的避難区域である区域

2 汚染状況重点調査地域

・指定対象

　放射線量が1時間当たり0.23マイクロシーベルト以上の地域

	市町村数	指定地域
岩手県	3	一関市、奥州市及び平泉町の全域
宮城県	9	石巻市、白石市、角田市、栗原市、七ヶ宿町、大河原町、丸森町、山元町及び亘理町の全域
福島県	41	福島市、郡山市、いわき市、白河市、須賀川市、相馬市、二本松市、伊達市、本宮市、桑折町、国見町、大玉村、鏡石町、天栄村、会津坂下町、湯川村、三島町、昭和村、会津美里町、西郷村、泉崎村、中島村、矢吹町、棚倉町、矢祭町、塙町、鮫川村、石川町、玉川村、平田村、浅川町、古殿町、三春町、小野町、広野町、新地町及び柳津町の全域並びに田村市、南相馬市、川俣町及び川内村の区域のうち警戒区域又は計画的避難区域である区域を除く区域

茨城県	20	日立市、土浦市、龍ケ崎市、常総市、常陸太田市、高萩市、北茨城市、取手市、牛久市、つくば市、ひたちなか市、鹿嶋市、守谷市、稲敷市、鉾田市、つくばみらい市、東海村、美浦村、阿見町及び利根町の全域
栃木県	8	佐野市、鹿沼市、日光市、大田原市、矢板市、那須塩原市、塩谷町及び那須町の全域
群馬県	12	桐生市、沼田市、渋川市、安中市、みどり市、下仁田町、中之条町、高山村、東吾妻町、片品村、川場村及びみなかみ町の全域
埼玉県	2	三郷市及び吉川市の全域
千葉県	9	松戸市、野田市、佐倉市、柏市、流山市、我孫子市、鎌ケ谷市、印西市及び白井市の全域
計	104	

別紙2　平均空間線量率の測定・評価の方法

1　目的
　平均空間線量率の測定・評価は、事業者が、特定線量下業務に労働者を従事させる際、作業場所の平均空間線量が2.5μSv/hを超えるかどうかを測定・評価し、実施する線量管理の内容を判断するために実施するものであること。

2　基本的考え方
（1）　作業の開始前にあらかじめ測定を実施すること。
（2）　同じ場所で作業を継続する場合は、2週間につき1度、測定を実施すること。なお、測定値2.5μSv/hを下回った場合でも、天候等による測定値の変動がありえるため、測定値2.5μSv/hのおよそ9割(2.2μSv/h)を下回るまで、測定を継続する必要があること。また、台風や洪水、地滑り等、周辺環境に大きな変化があった場合も、測定を実施すること。
（3）　労働者の被ばくの実態を適切に反映できる測定とすること。
（4）　作業開始前の測定は、文部科学省が公表している空間線量率及び作業内容等から、作業の対象となる場所での平均空間線量率が2.5μSv/hを明らかに下回り、特定線量下業務に該当しないことを明確に判断できる場合にまで、測定を求める趣旨ではないこと。

3　平均空間線量率の測定・評価について
（1）　共通事項
　　ア　空間線量率の測定は、地上1mの高さで行うこと
　　イ　測定器等については、作業環境測定基準第8条によること
（2）　測定方法
　　業務を実施する作業場の区域（当該作業場の面積が1,000㎡を超えるときは、当該作業場を1,000㎡以下の区域に区分したそれぞれの区域をいう。）の中で、最も線量が高いと見込まれる点の空間線量率を少なくとも3点測定し、測定結果の平均を平均空間線量率とすること。

別紙3　労働者に対する特別教育

　特定線量下業務に従事する労働者に対する特別の教育は、学科教育により行うこと。
　学科教育は、次の表の左欄に掲げる科目に応じ、それぞれ、中欄に定める範囲について、右欄に定める時間以上実施すること。

科目	範囲	時間
電離放射線の生体に与える影響及び被ばく線量の管理の方法に関する知識	① 電離放射線の種類及び性質 ② 電離放射線が生体の細胞、組織、器官及び全身に与える影響 ③ 被ばく限度及び被ばく線量測定の方法 ④ 被ばく線量測定の結果の確認及び記録等の方法	1時間
放射線測定等の方法に関する知識	① 放射線測定の方法 ② 外部放射線による線量当量率の監視の方法 ③ 異常な事態が発生した場合における応急の措置の方法	30分
関係法令	労働安全衛生法、労働安全衛生法施行令、労働安全衛生規則及び除染電離則中の関係条項	1時間

様式1

特定線量下業務に従事する労働者の被ばく線量管理様式

1. 個人識別項目

（フリガナ） 氏　　名	男 女	生年月日	大正 昭和　　年　　月　　日 平成

2. 個人識別項目の変更

年　月　日	変　更　前	変　更　後

3. 個人異動履歴

事　業　場　名	入社年月日	退社年月日

4. 被ばく前歴

期　　間	業　務　内　容	実　効　線　量
．．．～．．．		
．．．～．．．		
．．．～．．．		
．．．～．．．		
．．．～．．．		

5. 被ばく歴

①測　定　期　間	実　効　線　量 （外部線量）	②等価線量	作業場名 （作業内容）
．．．～．．．			（　　　）
．．．～．．．			（　　　）
．．．～．．．			（　　　）
．．．～．．．			（　　　）
．．．～．．．			（　　　）
．．．～．．．			（　　　）
．．．～．．．			（　　　）
．．．～．．．			（　　　）
．．．～．．．			（　　　）
．．．～．．．			（　　　）

①は3か月ごと（女性（妊娠する可能性がないと診断されたものを除く。）は1か月ごと）とすること。
　ただし、これに満たず契約期間が満了した場合は当該満了日までの期間とすること。
②は妊娠中の女性の腹部表面に受ける等価線量について記載すること。

6. 教育歴

年　月　日	実　施　者	教　育　内　容（業務・科目）

様式2(除染電離則様式第2号(第21条関係))

除染等電離放射線健康診断個人票

氏　　名		性　　別	男・女	生年月日	年　月　日	雇入年月日	年　月　日
除染等業務の経歴 (放射線業務及び特定線量下業務を含む。)	期　　間		年　月　日から 年　月　日まで	年　月　日から 年　月　日まで	年　月　日から 年　月　日まで	①前回の健康診断までの実効線量 　　　　mSv (　　　mSv)	
	業務名						
②　被　ば　く　歴　の　有　無							
③　判　　定　　と　　処　　置							
健　康　診　断　年　月　日							
現　　在　　の　　業　　務　　名							
前回の健康診断後に受けた線量	実効線量	外部被ばくによるもの(事故等によるものを除く。)(mSv)					
		内部被ばくによるもの(事故等によるものを除く。)(mSv)					
		④事故等によるもの (mSv)					
		計　　　　　　　　(mSv)					
血液		白　血　球　数 (個/mm³)					
	白血球百分率	リ　ン　パ　球 (%)					
		単　　　　　球 (%)					
		異型リンパ (%)					
		好中球 桿状核 (%)					
		分葉核 (%)					
		好　酸　球 (%)					
		好　塩　基　球 (%)					
	赤血球数 (万個/mm³)						
	血色素量 (g/dl)						
	ヘマトクリット値 (%)						
	そ　　の　　他						
眼	水晶体の混濁 (有無)						
皮膚	発　　　赤 (有無)						
	乾燥又は縦じわ (有無)						
	潰　　　瘍 (有無)						
	爪　の　異　常 (有無)						
そ　の　他　の　検　査							
全　身　的　所　見							
自　覚　的　訴　え							
参　考　事　項							
⑤　医　師　の　診　断							
健康診断を実施した医師の氏名印							
⑥　医　師　の　意　見							
意見を述べた医師の氏名印							

備考
1　①の欄は、平成24年1月1日以降の実効線量の合計を記入すること。また、同欄の(　)内には平成23年12月31日以前の集積線量を記入すること。
2　②の欄は、被ばく歴を有する者については、作業の場所、内容及び期間、放射線障害の有無その他放射線による被ばくに関する事項を記入すること。
3　③の欄は、本票記載の健康診断又は検査までの期間に採られた放射線に関する医学的処置及び就業上の措置について記入すること。
4　④の欄は、(1)事故、(2)緊急作業への従事、(3)放射性物質の摂取、(4)傷創部の汚染及び(5)身体の汚染によって受けた実効線量又は推定量(受けた実効線量を推定することも困難な場合には、被ばくの原因)を記入すること。
5　⑤の欄は、異常なし、要精密検査、要治療等の医師の診断を記入すること。
6　⑥の欄は、健康診断の結果、異常の所見があると診断された場合に、就業上の措置について医師の意見を記入すること。

特定線量下業務従事者特別教育テキスト

平成24年 7月12日　第1版第1刷発行

編　　者	中央労働災害防止協会
発 行 者	田　畑　和　実
発 行 所	中央労働災害防止協会
	東京都港区芝5丁目35番1号
	〒108-0014
	電話　販売　03(3452)6401
	編集　03(3452)6209
印刷・製本	㈱丸井工文社
デザイン	㈱ジェイアイ

落丁・乱丁本はお取り替えいたします　　　　　　　　©JISHA 2012
ISBN978-4-8059-1450-2　C3043
中災防ホームページ　http://www.jisha.or.jp/

中災防の 除 染 関 係 図書

除染等業務従事者
特別教育テキスト

中央労働災害防止協会　編
B5判　248ページ
定価　1,470円
　　　（本体1,400円＋税5％）

コードNo.23296
ISBN 978-4-8059-1459-5 C3043

　平成24年1月に施行された「除染電離則」によって義務づけられた除染等業務従事者のための特別教育用テキスト。平成24年6月の同規則の改正に対応し、全面改訂。

除染等業務従事者のための
安全衛生のてびき

中央労働災害防止協会　編
B6判　24ページ　4色刷
定価　399円
　　　（本体380円＋税5％）

コードNo.21551
ISBN 978-4-8059-1437-3 C3060

　除染等業務の際、作業者自身が安全衛生のポイントを確認できるように、わかりやすく、コンパクトにまとめたもの。

安全衛生図書のお申込み・お問合せは

中央労働災害防止協会 出版事業部

　〒108-0014　東京都港区芝5丁目35-1
　TEL 03-3452-6401　FAX 03-3452-2480（共に受注専用）
　　　　　　　　　中災防HP http://www.jisha.or.jp/